MYTHOS WALD

Historische
und zeitgenössische
Interpretationen zum
Thema Wald und Bäume

Wunderhorn

HD Scharader
Elastic Cubes, 1999

VORWORT

Die Neue Galerie wurde im September 2009 mit einer Ausstellung von Martin Noël eröffnet. Mit dieser ersten Ausstellung wurden Standards gesetzt, die bis heute unser Leitbild sind. Dies gilt für die Auswahl der Projekte, für die Präsentation der Werke und vor allem für die Gestaltung der Kataloge. Die Idee, eine anspruchsvolle zeitgenössische Ausstellungsreihe ins Leben zu rufen, war mit einem gewissen Risiko behaftet, ob ein solches Programm Akzeptanz in Bitburg finden wird. Umso mehr freuen wir uns heute, dass sich die Neue Galerie als Institution für zeitgenössische Kunst in der Region etabliert hat und immer größeren Zuspruch findet.

Aus Anlass des 5-jährigen Bestehens der Neuen Galerie zeigen wir mit *Mythos Wald?* eine größere thematische Ausstellung, die sich über das ganze Haus und den Garten erstreckt. Auch das Fritz-von-Wille-Museum wurde durch Integration von zeitgenössischen Werken in die Sammlung Teil der Ausstellung.

Der Wald als Ausstellungsthema? Lange wurde der Wald in der Kunst romantisiert, heroisiert und schließlich in der jüngeren Geschichte durch Ideologisierung kontaminiert. Noch lange Zeit nach dem Zweiten Weltkrieg blieb der Wald ein Un-Thema in der Kunstszene. Heute widmen sich wieder vermehrt Künstler den verschiedenen Aspekten des Waldes. Die Ambivalenz in der Walderfahrung aber ist geblieben; das macht dieses Thema so reizvoll für Künstler.

Wir freuen uns mit *Mythos Wald?* einen Einblick in die vielfältigen Antworten der Künstler auf dieses unerschöpfliche Thema zeigen zu können. Eine Gruppenausstellung dieser Größe ist immer eine Herausforderung, die unsere Kuratorin Dr. Ute Bopp-Schumacher hervorragend gemeistert hat. Ihr gebührt unser großer Dank, aber auch den vielen zeitgenössischen Künstlern, die sich bereit erklärt haben, an dieser Ausstellung mitzuwirken. Darüber hinaus danken wir den vielen privaten Leihgebern und den institutionellen Leihgebern - der Staatlichen Kunsthalle Karlsruhe, dem Stadtmuseum Simeonstift Trier und der Villa Vauban – Musée d'Art de la Ville de Luxembourg -, dass Sie uns Ihre besonderen Werke für die Ausstellung zur Verfügung gestellt haben. Nicht zuletzt möchten wir Frau Dr. Bopp-Schumacher und Claas Möller danken für die Erstellung eines exzellenten Kataloges, der uns die Ausstellung lange in Erinnerung halten wird.

Stephanie Kaak | Dr.-Hanns-Simon-Stiftung

Su-Mei Tse
Wood Songs, Sound installation, 2011, 9 tree trunks, motorized system, vegetal elements, sound system, produced by Fondation LV, Courtesy Peter Blum Gallery, New York & Galerie Tschudi, Zuoz, exhibition views Espace Culturel Louis Vuitton, Paris

DER MYTHOS WALD LEBT

Anmerkungen zur Ausstellung

»Mythos Wald? Historische und zeitgenössische Interpretationen zum Thema Wald und Bäume«

Planst Du ein Jahr,
so säe Korn.
Planst Du ein Jahrtausend,
so pflanze Bäume.
Kuan Chung, chinesischer Meister[1]

— Ausstellungskonzept, Künstlerauswahl, neue Seherlebnisse

Wald und Bäume sind faszinierende, komplexe Naturphänomene, die selbstverständlich zu unserem Lebensgefühl und -raum gehören. Im Mittelpunkt der Ausstellung der Neuen Galerie im Haus Beda steht die visuelle Auseinandersetzung mit dem Thema Wald und Bäume. Hierbei setzen wir zeitgenössische Wald- und Bauminterpretationen in Beziehung zu etwas älteren Walddarstellungen, um das seit Jahrhunderten beliebte Sujet breiter anzugehen und auch dem ›Hauskünstler‹ Fritz von Wille Reverenz zu zollen.

Ein knappes Drittel der ausgestellten Künstler wirkte gegen Ende des 19. und in der ersten Hälfte des 20. Jahrhunderts: Hans Burnitz, Gustav Kampmann, Max Lazarus, Henri Marcette, Frantz Seimetz, August Trümper, Leo Winkelmann. Über zwei Drittel der ausgestellten Werke stammen von den nachfolgend aufgelisteten, zeitgenössischen Künstlern und sind in den letzten Jahren entstanden: Jean-Marie Biwer, Sebastian Böhm, Gudrun Kemsa, Gisela Krohn, Helge Hommes, Bodo Korsig, Andrea Lehnert, Gerhard Mantz, Benjamin Nachtwey, Lydia Oermann, Armand Quetsch, Diana Rattray, Fernand Roda, Katrin Roeber, Thomas Schönauer, HD Schrader, Niels Sievers, Gabi Streile, Su-Mei Tse. Im Katalog sind die älteren Werke vor einem hellgrauen Fond abgebildet, während die zeitgenössischen Künstler vor einem blauen Hintergrund vorgestellt werden.

Da wir ›neue‹ künstlerische Positionen in Bitburg zeigen wollten, klammerten wir bewusst eine Reihe von Künstlern aus, die in den letzten Jahren in der Neuen Galerie ausgestellt wurden, wiewohl deren Werk eng mit dem Thema Wald und Baum verbunden ist, allen voran Erwin Wortelkamp, Stephan Kaluza und Thomas Wrede. Darüber hinaus schlossen wir Tierdarstellungen aus, um eine Überschneidung mit der Anfang 2013 im Haus Beda gezeigten Ausstellung *»Schöne Beute. Bilder von der Jagd mit Schwerpunkt Jagdszenen, Darstellung von Wildtieren und Tierstillleben«* zu vermeiden.

Von der Staatlichen Kunsthalle Karlsruhe, dem Stadtmuseum Simeonstift Trier und der Villa Vauban, einem der beiden bedeutenden Museen der Stadt Luxemburg, erhielten wir interessante, etwas ältere Walddarstellungen als Leihgaben. Die zeitgenössischen Künstler dagegen wurden in der Regel direkt angesprochen. Viele interessante Atelierbesuche und Gespräche begleiteten die Vorbereitung.

Bei der Werkauswahl konzentrieren wir uns fast ausschließlich auf Malerei. Mit Ausnahme von drei Künstlern, die dem Mythos Wald in ihren Videoarbeiten auf die Spur kommen: Gudrun Kemsa, Bodo Korsig, Su-Mei Tse. Sowie zwei Künstlern, von denen wir Skulpturen zeigen: zwei Acryl-Stelen der gebürtigen Bitburgerin Lydia Oermann und von HD Schrader die große Skulptur *Elastic Cubes* sowie fünf *Nightingale Nestinghouses* und einen *Cube and Tree* im Garten. Und natürlich eine Fotografie, die von dem luxemburgischen Künstler Armand Quetsch stammt: Ein Waldaufblick, der ein Ausblick ist. Ein Ausblick auf eine irgendwann folgende, weitere Ausstellung zum Themenkomplex Wald und Bäume.

Um neue Seherlebnisse zu ermöglichen und die Fülle an Arbeiten zeigen zu können, bespielen wir bei der Wald-Ausstellung das ganze Haus Beda. Das heißt, die künstlerischen Arbeiten werden auch außerhalb der eigentlichen Ausstellungsräume im Atrium, Foyer, den Treppenaufgängen, im Garten und erstmals auch dem Fritz-von-Wille-Museum gezeigt. Die letztgenannte Präsentation hat den Charme, dass die jüngeren künstlerischen Werke zwischen die Gemälde Fritz von Willes gehängt werden. Hierdurch entstehen interessante ›Dialoge‹: wie zum Beispiel von Diana Rattrays Arbeit *On The Rocks* (2013), die auch dem Titel des Katalogs zu sehen ist, mit Fritz von Willes Werk *An der Rheinquelle* (1887) - zwei Exponate bei denen Felsformationen dominant ins Auge fallen.

— Mythos Wald?

Das Wort Mythos kommt aus dem Griechischen und bedeutet Wort, Rede, Erzählung, Fabel. In sämtlichen Kulturen gibt es eine Reihe von Mythen, die in Erzählungen und Bildern, den Ursprung der Welt und kollektive menschliche Erfahrungen symbolisch darstellen und erklären. Von Anfang an sind Dichtung und Kunst nachhaltige Gestaltungsformen mythologischer Themen, die in jeder Epoche neu gedeutet und ausgestaltet werden. Die Romantik sieht zu Beginn des 19. Jahrhunderts im Mythos eine umfassendere, über die Vernunft hinausgehende Weltdeutung. Die Tiefenpsychologie erweitert die Mythendeutung und erkennt in Mythen auch verdrängte Wünsche und Archetypen des kollektiven Unterbewusstseins. Heute wird der Begriff Mythos *»beliebig gedehnt und auf alles irrational Faszinierende angewandt.«*[2]

Der Wald ist durch den bei der Photosynthese erzeugten Sauerstoff eine wichtige Lebensgrundlage. Er dient als Schutz- und Lebensraum für Mensch und Tier und liefert Nahrung, Holz, Heizmaterial, Papier, Gerb- und Farbstoffe und Medizin. Mehr denn je ist der Wald heute Wirtschaftsfaktor und Arbeitsort. Gleichzeitig dient er als Erholungsraum und ist ein Ort der Erinnerungen und der Sehnsucht.[3] Der Wald ist aber auch dunkel, undurchdringlich und gefährlich. Aufgrund seiner Größe flößt der Wald Respekt und Furcht ein, werden wir unserer *»eigenen Kleinheit und Unwichtigkeit bewusst«*, wie Reinhold Würth treffend bemerkte.[4]

Für die meisten Menschen in unserem Kulturkreis gehört der Wald seit der frühen Kindheit zu einem mit Positivem wie Negativem besetzten, ambivalenten Vorstellungs- und Erlebnisraum. Unser heutiges Verständnis vom Kulturgut Wald wird geprägt durch Familien-, Kindergarten- und Schulausflüge in die Wälder, Waldwanderungen, Lieder, Gedichte, alte Sagen und vor allem die Märchen der Gebrüder Grimm, die sich sehr oft im Wald abspielen. Aufgrund der vielen Aspekte, aus denen der Wald betrachtet werden kann, ist er geradezu prädestiniert als ein mit zahlreichen Mythen verbundener Ort.

— Mythos Baum?

Wie der Wald ist auch der einzelne Baum ein facettenreiches Symbol. Aufgrund der teilweise sehr langen Lebensdauer und Größe flößen schon einzelne Bäume Ehrfurcht ein. Bäume sind archetypische Symbole (Weltenbaum, Stammbaum). Der blühende, immergrüne Baum ist ein Sinnbild des Lebens. In der Genesis, dem ersten Buch Mose, gibt es den Baum des Lebens und den Baum der Erkenntnis.[5] Aufgrund ihrer markanten Erscheinung und ihres hohen Symbolgehalts sind Bäume seit Jahrhunderten ein beliebtes und vieldeutiges Motiv in Kunst und Dichtung.

Der singuläre und abstrahierte Baum findet sich ist auch in der Bitburger Ausstellung zum Beispiel bei dem luxemburgischen Maler Jean-Marie Biwer, der den Baum auf sein kahles Geäst und in einem separaten Bild auf die lebenswichtige Wurzel reduziert. Andrea Lehnerts Baum wächst auf einem Abhang in die Höhe. Max Lazarus stellt seinen Landschaftsausblicken auf die Mosel oder den Hunsrück einen einzelnen Baum voran. Bei Katrin Roeber überzieht das ausladende Geäst eines Baumes fast die gesamte Bildfläche und gibt durch die Zweige den Blick auf die dahinter sichtbare Wald- und Parklandschaft frei. Sebastian Böhm konzentriert sich bei seinen Baumdarstellungen auf Stamm oder Baumstumpf, die je nach Blickwinkel mehr oder weniger deutlich aus der Farbe hervortreten. Auch der in geheimnisvolles Licht getauchte Wald des Trierer Künstlers, der seine malerische Bildfindung schon vor Jahren dezidiert beschrieb[6], besteht an sich nur aus parallelen Stämmen ohne Baumkronen.

— Die besondere Affinität der Deutschen zum Wald

Beginnend mit der *Schlacht im Teutoburger Wald* (9. n. Chr.), als die Germanen die Römer besiegten, verfestigt sich der Mythos von den starken Deutschen und den tiefen deutschen Wäldern. Bis heute wird den Deutschen eine besondere Vorliebe für den Wald nachgesagt. Christoph Graf Douglas notiert: *»Die Deutschen haben die Lust am Wald erfunden und nicht den Garten. Denn es gibt den englischen Garten, den französischen, den italienischen Garten und den japanischen Garten. Warum gibt es den Begriff eines »deutschen Gartens« nicht? Der Deutschen Garten ist der Wald.«*[7] Letzteres führte auch zur Vereinnahmung des Waldes zur Zeit des Nationalsozialismus. Welche Kräfte man dem Wald zusprach, verriet auch der glücklicherweise nach dem Ende des Zweiten Weltkrieges nicht zum Tragen gekommene Morgenthau-Plan, der vorsah, alle deutschen Wälder abzuholzen, um die Nation in ihrem Innersten zu treffen.[8] In der Nachkriegszeit war der Wald lange Zeit kein Thema der Avantgarde in der Bildenden Kunst. Dies änderte sich allmählich, nicht zuletzt mit dem Aufkommen der neuen gegenständlichen Malerei Ende der 70er Jahre.[9] Aktuell sind die Landschaftsmalerei und das Waldsujet wieder sehr beliebt.

— Bewusste Freilichtmaler

Eine Reihe der ausgestellten Künstler wie Andrea Lehnert, Benjamin Nachtwey, Katrin Roeber, knüpfen an die Tradition der Schule von Barbizon und der Impressionisten an und malen regelmäßig unter freiem Himmel. Sie fahren dafür gezielt in die Natur und initiieren Arbeitstreffen mit Malerkollegen, um in neuen Gegenden gemeinsam *pleinair* zu malen. Vor Ort entstehen dann viele kleine Landschaftsgemälde und Studien. Das dort Erarbeitete fließt später auch in ihre größeren Gemälde mit ein, die sie im Atelier aus dem Gedächtnis und im Rückgriff auf die kleinen Arbeiten malen.

— Atelierkünstler

Andere Künstler dagegen malen fast ausschließlich im Atelier. Fernand Roda ist ein reiner Ateliermaler. Für ihn ist das geschlossene Atelier oder zumindest ein geschlossener Raum, in dem er konzentriert und ungestört seine im Kopf fertig vor Augen stehenden Bilder malen kann, essentiell für seine Arbeit, in der Landschaften und Waldausschnitte einen zentralen Platz einnehmen.[10]

Auch Gabi Streiles Werke entstehen im Atelier. Mit ihren Themen, vorzugsweise Landschaften, beschäftigt sie sich intensiv. In ein Motiv wie den in Bitburg gezeigten Tannen taucht sie ein und verinnerlicht es in ihrer Vorstellung, um es dann in Malerei aufzulösen.

Helge Hommes' Alter Ego ist der Baum. Seit 2002 malt der Künstler in einer ehemaligen Fabriketage in Aachen. Hier entstehen seine teilweise riesigen Leinwände, die über viele Jahre stark abstrahierte Bäume und Äste zeigten und seit einigen Jahren teilweise sehr verdichtete Waldausschnitte und geradezu hyperrealistische Baumpartien vor Augen führen. Die Farbe trägt er bei den eher abstrakten Werken auf die mehrfach grundierten Leinwände in dicken, reliefartigen Schichten auf und bei den realistisch gemalten Arbeiten in einer feineren, dünnflüssigeren Malerei.

Im Atelier entstehen auch die einsamen, meditativen, nächtlichen (Wald-)Landschaften von Niels Sievers, die losgelöst von Zeit und Raum nebulös aus dem Dämmerlicht hervorscheinen.

Nicht im Atelier, sondern mit Hilfe eines spezifischen Computerprogramms generiert Gerhard Mantz seine Waldbilder, die auf tradierten landschaftlichen Kompositionsmustern basieren und dennoch wie Science-Fiction und Bilder aus einer anderen, kosmischen Zeit anmuten. Die mit Hilfe des Pigmentdruckverfahrens bearbeiteten Leinwände spannt der in Berlin lebende Künstler ganz klassisch auf Holzrahmen und lässt Betrachter rätseln, wie denn diese Bilder gemacht wurden.

— Der Wald als tiefenpsychologisch aufgeladener Bildhintergrund

Der Mensch ist auf den Exponaten der Bitburger Ausstellung oft nur indirekt anwesend, über die im Bild erkennbar angelegten Waldwege und -straßen bei Gisela Krohn oder die im Wald geparkten Pickups bei Benjamin Nachtwey. Ganz anders dagegen bei den anonymen Portraits von Diana Rattray: Sie bearbeitet ihre oft zwei Drittel des Bildes einnehmenden Waldbildhintergründe wie in *»Lost and Found«* mit der gleichen Aufmerksamkeit wie die nach älteren Fotografien abgemalten Personen, wenngleich ihr primäres Augenmerk den Portraitierten gilt. Ebenso schauen wir Betrachter zunächst auf die abgebildeten Menschen und nehmen erst später die Umgebung wahr. Diese ist natürlich nicht nur Hintergrund, sondern gibt wie Mimik und Kleidung der Personen Auskunft über die dargestellte Situation. Wenn auf dem Bild *»Taming«* der kleine Junge in der blauen Latzhose mit seinem Hündchen vor dem großen dunklen Wald spricht, evoziert diese Darstellung Bilder von Rotkäppchen, das sich trotz des Verbots in den dunklen Wald begibt. Ebenso wie der Wald auch als ungewisse Zukunft oder künftiges Unheil, das auf die heile Welt des Jungen möglicherweise einstürzt, interpretiert werden kann.

— Der Herbst ist ein Maler

Die in allen Farbschattierungen noch mal auftrumpfenden Herbstwälder inspirieren Künstler seit jeher zu einem Farbenrausch. Thomas Schönauers *»Autumn Forest«* ist eine solche herbstlich inspirierte Abstraktion mit kühnen Farbkontrasten. Der Künstler hat das Konzept seines Bildes längst erarbeitet, wenn er die Farbe auf die Stahlplatte schüttet und in der flüssigen Farbe kleine Mikrokosmen erschafft, die die Bildoberfläche strukturieren und die zu einem Markenzeichen seiner Kunst geworden sind. Auch Fernand Rodas *»Herbstimpression«* gleicht einem Feuerwerk aus Rot- und Gelbtönen wie auch Andrea Lehnerts *»Schmetterlinge«* eine sich in Farbfelder auflösende Ansammlung von Bäumen zeigen.

— Die ›Stille‹ des Waldes – mit Musik unterlegte Videoarbeiten

Der Wald spricht viele Sinne an und fasziniert auch durch seine wohltuende ›Stille‹ und Ruhe. Den akustischen Aspekten des Waldes wird in der Bitburger Ausstellung in drei Videoarbeiten Rechnung getragen.

Gudrun Kemsa, die seit 2001 Videokunst in Krefeld unterrichtet, war nach einem Besuch des Haus' Beda Anfang April diesen Jahres angetan von der Idee, für die Ausstellung *»Mythos Wald?«* einen Film über dieses Thema zu produzieren. In ihrem Video »Forest« nimmt sie uns mit auf einen Waldspaziergang und konfrontiert mit flirrendem Licht, überlappenden Baumstämmen, Aufblicken, einem ruhig daliegenden See, unterlegt von einer eigens für diese Präsentation komponierten Musik.

Bei der Künstlerin Su-Mei Tse, die 2003 den Goldenen Löwen für den luxemburgischen Pavillon auf der Biennale in Venedig erhielt, zieht sich die Verknüpfung von Naturphänomenen und Musik wie ein roter Faden durch ihr sensibles Werk, das immer wieder mit sorgsam erarbeiten und perfekt umgesetzten Überraschungsmomenten aufwartet. Die ruhig dahinfließende »*Mistelpartitur*« wird von Schostakowitschs Melodie begleitet und in der Bitburger Ausstellung gleichzeitig die Betrachtung der Werke im hinteren großen Ausstellungsraum leise untermalen. Die Arbeit selbst führt die Poesie und Schönheit kahler Baumsilhouetten in der Dämmerung vor Augen.

In Bodo Korsigs Video »*Der Lindenbaum*« ist abgesehen von einem immer mal wieder sichtbaren schwarzen Baumumriß, um den die Vögel in der Abenddämmerung kreisen, der Baum durch das Liedgut Franz Schuberts stets imaginär vorhanden und macht die Betrachtung der Werke, die in der Nähe seiner Videoarbeit hängen, zu einem synästhetischen Erlebnis.

— Fazit

Ein Besuch der Ausstellung sensibilisiert für die Wahrnehmung der Natur im eigenen Umfeld und inspiriert, über die veränderte Einstellung zu Wald und Bäumen in den letzten 150 Jahren nachzudenken. Die Ausstellung macht Lust auf Bilder und konfrontiert mit den verschiedenen Facetten des von Licht durchfluteten Waldes. Sie zeigt eindrucksvoll, dass in älteren wie neueren Walddarstellungen - ähnlich wie im wirklichen Wald - die verschiedensten Gefühlswahrnehmungen und Sinne angesprochen werden. Vielleicht regt die Ausstellung auch an, sich eingehender mit dem komplexen, kulturgeschichtlich breit gefächerten, immer aktuellen Thema Wald zu beschäftigen.

Ute Bopp-Schumacher | August 2014

1 Chinesisches Sprichwort, abgedruckt in: Hans Friderichs, Wald gibt Halt, Privatdruck 2011, Karin Schmidt-Friderichs (Hrsg.), Mainz 2011, S. 21.

2 Wolfgang Henckmann, Konrad Lotter, Lexikon der Ästhetik, München 1992, S. 173 f.

3 Alexander Koch, Vorwort, in: Ausstellungskatalog *Unter Bäumen. Die Deutschen und der Wald,* Deutsches Historisches Museum Berlin (Hrsg.), Berlin, Dresden 2011, vgl. S. 12.

4 Reinhold Würth, Grußwort, in: Ausstellungskatalog *Waldeslust - Bäume und Wald in Bildern und Skulpturen der Sammlung Würth*, Kunsthalle Würth (Hrsg.), Schwäbisch Hall, Künzelsau 2011, S. 7.

5 Harald Unkelbach, Mythos Wald – ein Missverständnis?, in: Ausstellungskatalog *Waldeslust - Bäume und Wald in Bildern und Skulpturen der Sammlung Würth*, Kunsthalle Würth (Hrsg.), Schwäbisch Hall und Künzelsau 2011, S. 119.

6 Sebastian Böhm, Spaziergang mit dem Maler, Kunstverein Trier Junge Kunst (Hrsg.), Trier 2005.

7 Christoph Graf Douglas, O Täler weit, o Höhen, O schöner, grüner Wald, in: Ausstellungskatalog *Waldeslust - Bäume und Wald in Bildern und Skulpturen der Sammlung Würth*, Kunsthalle Würth (Hrsg.), Schwäbisch Hall, Künzelsau 2011, S. 29.

8 Ebd. S. 30.

9 Andreas Bernhard, Der deutsche Wald in Malerei und Grafik, in: Ausstellungskatalog *Unter Bäumen. Die Deutschen und der Wald,* Deutsches Historisches Museum Berlin (Hrsg.), Berlin, Dresden 2011, vgl. S. 146.

10 Fernand Roda. Luxemburger Künstler in Düsseldorf, Interview von Ulrike Damm, in: Ausstellungskatalog *Was uns antreibt – acht Künstler aus Düsseldorf*, WGZ Bank (Hrsg.), Düsseldorf 2011.

Jean-Marie Biwer

»Jean-Marie Biwer arbeitet seit 1980 als Maler, Grafiker und Bildhauer in Luxemburg. In seinen Arbeiten beschäftigt er sich häufig mit den verschiedenen Facetten der Natur. Dabei wählt er oft in abstrahierter Form Details aus der Natur aus – wie hier das vertikal aufstrebende Geäst, darunter das flächig wuchernde Wurzelwerk und den eigentlich unscheinbaren Kieselstein, der monumental und singulär in Szene gesetzt wird. Dabei lässt der Künstler Dinge und Details, die ihm unwichtig erscheinen, außer Acht und stellt die in seinen Augen wesentlichen Merkmale in den Vordergrund. Seine Arbeiten entwickeln sich so zu tiefgründigen Momentaufnahmen der Schönheit der Natur.«

Angelika Glesius, Villa Vauban – Les 2 Musées de la Ville de Luxembourg, Bildbeschreibung

Mit Bäumen, 1997, Acryl auf Leinwand, 130 × 160 cm,
Villa Vauban – Musée d'Art de la Ville de Luxembourg, Collection de la Ville de Luxembourg

Die Ewigkeit ist in einem Stein hörbar, um 1992, Acryl auf Leinwand, 72 × 90 cm,
Villa Vauban – Musée d'Art de la Ville de Luxembourg, Collection de la Ville de Luxembourg

Sebastian Böhm

»Das Landschaftsgemälde Wäldernächte Lichter (Stereozeit) zieht den Blick des Betrachters wie ein Sog in eine diffuse Waldszenerie. Die längere Beobachtung macht deutlich, dass beide Teile des Diptychons nahezu deckungsgleich sind. Das rechte Bild wurde zeitlich parallel zum linken angefertigt. Zweimal das gleiche Bild und doch nicht dasselbe: Der Betrachter wird angeregt, wie ein Maler die Nuancen, Farb- und Formverschiebungen zu analysieren. Der Bildträger besteht aus nicht grundierter Jute und ist auf einen 15 cm tiefen Holzrahmen gespannt. Der entstehende Zwischenraum an der Gemälderückseite schließt mit einer lackierten Holzplatte an der Rückwand des Rahmens ab. Das Licht, das durch den grobmaschigen Bildträger durchscheint, wird – reflektiert durch die hochglänzend lackierte Rückwand des Rahmens – zurückgeworfen. Somit erhält das Bild eine eigene, natürliche Lichtquelle, die von innen aus dem Ölgemälde scheint. Dem Betrachter erschließt sich so unmittelbar die Atmosphäre eines Waldes bei Dämmerung.«

Benjamin Vamosi, *Sebastian Böhm*, in: Ausstellungskatalog *Kunstpreis Prix d' Art Robert Schuman*, Saarbrücken 2013, S. 104.

Wäldernächte Lichter (Stereozeit), 2007, Öl, Jute, Fichte, Lack, 189 × 340 × 15 cm (zweiteilig)

Birkenstamm, 2004/2005, Öl, Jute, Fichte, Lack, 190 × 80 × 15 cm

Helmholtzwald, 2008, Öl, Jute, Fichte, Lack, 38 × 60 × 5 cm
Umfeld Stamm, 2008, Öl, Jute, Fichte, Lack, 38 × 60 × 5 cm

Frühnebel, 1906, Öl auf Leinwand, 70 × 59,5 cm, Staatliche Kunsthalle Karlsruhe

Hans Burnitz

»Das der Keilrahmenbeschriftung zufolge 1906 entstandene Gemälde ist in seinem lichten Kolorit und der tüpfelnden Malweise noch dem Impressionismus verpflichtet. Seerosen, Schilfufer und die Baumkulisse stehen als flirrende Lichterscheinungen in malerischem Dialog mit der vertikal angedeuteten Spiegelung. […] sprechen die typischen Erlen- und Birkenbäume eher für das Ufer der Nidda südwestlich des Vogelsbergs.«

Staatliche Kunsthalle Karlsruhe, *Malerei des 20. Jahrhunderts Staatliche Kunsthalle Karlsruhe*, Karlsruhe 2011, S. 54.

Helge Hommes

»Er lebt nicht auf Bäumen wie der Baron Italo Calvino (1957), er sammelt nicht Zweige und Steine auf langen Wanderungen wie Alan Sonfist und Richard Long, er tanzt nicht mit seinen Freunden in Baumkronen wie Gordon Matta-Clark (1971), er pflanzt keine Eichen wie Joseph Beuys (1982). Er ist durch den Wald des Hunsrück gegangen, aber als er sich in Aachen niederließ, wurde ein Fabrikraum sein Atelier. |...| als er begann, gespannte Leinwände sorgsam in mehreren Schichten weiß zu grundieren und schwarze Farbe, in die kaltgrüne Pigmente versenkt waren, dick, borkig aufzutragen – in gefurchten Bahnen, die Zweigen von Bäumen ähnlich waren. Da war nichts Spontanes, Rauschhaftes, Wütendes oder Jubelndes; der Prozess, der sichtbar wurde, war von vorsichtiger Langsamkeit bestimmt, ein Vortasten: die reliefierte Farbpaste schiebt sich durch den weißen Farbraum wie der Ast eines Baumes in den Frühling, der der Sonne entgegen wächst. |...| Es ist nur allzu konsequent, dass die radikale Entschleunigung, die er sich zumutete, ihn in eine Mimesis führte, in der der Lebensrhythmus der Bäume sein Leitbild wurde.«

Wolfgang Becker, *Der Baum im Spiegel*, in: Ausstellungskatalog *Helge Hommes Quod sumus – hoc eritis*, Städtische Galerie Haus Seel, Helge Hommes, Kunstverein Siegen e. V. und Salon Verlag Köln (Hrsg.), Köln 2010, S. 16.

Waldesruh, 2005, Öl auf Leinwand, 230 × 450 cm

du, 2008, Öl auf Leinwand, 60 × 90 cm, Serie
folge mir, 2010, Öl, Dispersion auf Leinwand, 60 × 90 cm, SØR Rusche Sammlung Oelde / Berlin
▸ *into the trees*, 2007, Öl auf Leinwand, 200 × 300 cm, Privatsammlung Koblenz

Im Laubwald, 1893, Öl auf Leinwand auf Karton aufgezogen, 30,7 × 24 cm, Staatliche Kunsthalle Karlsruhe

Gustav Kampmann

»Die im Oktober 1893 entstandene Freilichtstudie aus dem Inneren eines Laubwaldes nahe dem Hofgut Rittnert mit dicht stehenden Stämmen zeugt von Kampmanns ausgeprägtem Interesse für farbige Schatten und Sonnenlichtakzente. Diese sind nicht impressionistisch aufgelöst, sondern mit schwungvollem, breitem Pinsel großzügig skizziert.«

Staatliche Kunsthalle Karlsruhe, *Malerei des 20. Jahrhunderts Staatliche Kunsthalle Karlsruhe*, Karlsruhe 2011, S. 177.

Gudrun Kemsa

»Das Video zeigt eine Kamerafahrt durch einen lichtdurchfluteten Wald – entlang an Bäumen, hoch in die Wipfel. Die rotierende Kamerafahrt führt immer tiefer in den Wald hinein. Es verweist auf den *Deutschen Wald*, der als Metapher und Sehnsuchtslandschaft seit Anfang des 19. Jahrhunderts in Gedichten, Märchen und Sagen der Romantik beschrieben und überhöht wurde. Menschliche Erfahrung bestimmt das Geschehen der Märchen. Die konkrete Lebenswelt vermischt sich mit Erlebnissen, Widerfahrnissen, malt sich in Bilder und Symbole der Märchensprache hinein. Wer in den Wald geht, sucht nach Erneuerung. Im Wald erlebt der Mensch eine Einheit des Lebens, die in Dörfern und Städten nur lückenhaft besteht. Was aus dem Gleichgewicht gekommen ist, will im Wald wieder an die umfassende Kraft der Natur sich anschließen und in ihrem Rhythmus einschwingen.«

Gudrun Kemsa, Beschreibung *Video Forest*, 2014

Forest, 2014, 1-Kanal-Videoinstallation, HD, Bild: Gudrun Kemsa, Ton: Peter Thoma, Gabriel Denhoff, ca. 5 Min.

Forest, 2014, 1-Kanal-Videoinstallation, HD, Bild: Gudrun Kemsa, Ton: Peter Thoma, Gabriel Denhoff, ca. 5 Min.

Forest, 2014, 1-Kanal-Videoinstallation, HD, Bild: Gudrun Kemsa, Ton: Peter Thoma, Gabriel Denhoff, ca. 5 Min.

Forest, 2014, 1-Kanal-Videoinstallation, HD, Bild: Gudrun Kemsa, Ton: Peter Thoma, Gabriel Denhoff, ca. 5 Min.

Bodo Korsig

»Dieses Video entstand aus einer Installation, die ich vor Jahren mit dem Titel *wer überleben will, muss wandern* entwickelt habe. Der Wald, diese gewaltige Pflanzenformation, weist auf einen besonders wirkmächtigen Deutungszusammenhang hin; die in ihm lebenden Tiere interagieren mit diesem und sind Vorboten von Erdbeben und Umweltkatastrophen. Die Romantik der Schubertschen Winterreise – als Klangteppich unterlegt – bildet einen nur scheinbaren Widerspruch zu diesem Ansatz, sie ist vielmehr Spannungsmoment und dialektischer Kontrapunkt.«

Bodo Korsig, Statement zum Video *Der Lindenbaum*, August 2014

Der Lindenbaum I Schuberts Winterreise, 2013, 1-Kanal-Videoinstallation, Full HD 16:9,
Kamera: Bodo Korsig Schnitt: Janine Dauterich, Musik: Klangforum Wien, Dauer: 4:58 Minuten

Der Lindenbaum | Schuberts Winterreise, 2013, 1-Kanal-Videoinstallation, Full HD 16:9,
Kamera: Bodo Korsig Schnitt: Janine Dauterich, Musik: Klangforum Wien, Dauer: 4:58 Minuten

Gisela
Krohn

»Gisela Krohn studiert derzeit das *Gesicht* des Landes und der Natur in der Konzentration auf drei Themenbereiche: da sind zum einen die Konfigurationen und Lichtstrukturen des Waldesinneren; da sind zum anderen die Aggregatzustände und die daraus resultierenden Phänomene des ruhenden und stürzenden Wassers; und das sind schließlich die visuellen Schneisen und Tiefenzüge, welche anonyme Alleen durch das gleichfalls namenlose Land legen. |...| Gisela Krohn sucht das Gesicht der Landschaft fast ausschließlich dort, wo sich die Natur als das *Unvertraute im Vertrauten* erweist (was die deutsche Romantik beispielsweise in der Formel von der *Waldeinsamkeit* fasste), kurz: wo sie ihren Einsamkeitszauber entfaltet. |...| Denn immer sind die Landschafen, die elementaren, die wildwüchsigen und die partiell *kultivierten*, in den Gemälden dieser Künstlerin menschenleer. |...| Nur selten finden sich Panoramalandschaften, meistens ist man mit mehr oder weniger eng gefassten Ausschnitten konfrontiert. Die gezeigten Naturobjekte sprengen in der dem fotografischen Close-up vergleichbaren Nahsicht die Bildgrenzen, weisen über sich hinaus auf einen grenzenlosen Gestaltzusammenhang – und zwingen den Betrachter in die unwiderstehliche Präsenz der großformatigen Tableaus hinein. |...| Gisela Krohn bezieht aus dem „offenen" Landschaftsthema ihre stilistische Freiheit, die formal zwischen Gegenständlichkeit und Abstraktion changiert.«

Norbert Wolf, *Landschaft als künstlerisches Abenteuer*, in: Ausstellungskatalog *Gisela Krohn Open Secret*, Galerie Wittenbrink München (Hrsg.), Berlin 2013, S. 43f.

Wald for ever 1.1, 2014, Öl auf Leinwand, 190 × 300 cm

Wald for ever 2, 2013, Öl auf Leinwand, 50 × 60 cm

Linumhorster Allee klein, 2012, Öl auf Leinwand, 60 × 50 cm
▸ *Dunkles Dickicht*, 2008, Öl auf Leinwand, 130 × 170 cm

Wald, 1919, Öl auf Pappe, 46,5 × 39,5 cm, Stadtmuseum Simeonstift Trier

Max Lazarus

»Der jüngste dieser Gruppe ist Max Lazarus. Mit seinen 32 Jahren hat sich dieser *Zur Laubener*, der in seinem Elternhaus am Zuckerberg arbeitet, ähnlich Trümper und Quant, durch seine modern-farbenfrohe Ausgestaltung von Privaträumen und der Synagogen von Merzig und Homburg einen guten Namen gemacht. Gelernter Maler, besuchte er bei Trümper die hiesige Kunstgewerbeschule, malte dann in Trier, in Weimar, Düsseldorf und München. Doch hielt es ihn nirgends lange. Ein stark ausgesprochenes Heimatgefühl trieb ihn immer nach seiner Vaterstadt, deren Umgebung er dann sofort durchstreifte, um sich daheim voller Motive und Eindrücke vor die Leinwand zu stellen. Erst nach der Befriedigung dieses seines Heimatbedürfnisses in Form einer Landschaft konnte er sich dann seinen Raumentwürfen und Kompositionen widmen. [...] Er kämpft und wird siegen, wenn die Ruhe und Abgeklärtheit seiner Landschaften sich auch seinen gedankenvollen, lebhaften Kompositionen mitgeteilt hat.«

Paul Mauder, *Trierer Maler der letzten fünfzig Jahre*, in: Trierische Landeszeitung, Jubiläumsausgabe April 1924, unpaginiert, zitiert in: Ausstellungskatalog *Max Lazarus Trier – St. Louis – Denver. Ein jüdisches Künstlerschicksal*, Stadtmuseum Simeonstift Trier (Hrsg.), Trier 2010, S. 118.

Hunsrücklandschaft, 1927, Gouache / Tempera auf Karton, 50,5 × 61,5 cm, Stadtmuseum Simeonstift Trier

Mosellandschaft, 1923, Öl auf Leinwand, 73 × 100 cm, Stadtmuseum Simeonstift Trier

Andrea Lehnert

»Auf den ersten Blick erscheinen die Leinwände von Andrea Lehnert leicht wie Aquarelle daherzukommen, bis sich das Auge des Betrachters von der Langsamkeit irritiert sieht, die bei näherem Zusehen den Farbauftrag kennzeichnet. Bald wird auch die zunächst wahrgenommene Spontaneität unterwandert von der Frage nach dem Realitätsstatus von Motiv und Landschaft. Immer mehr wird deutlich, dass hier nicht die Malerei in die Natur gegangen ist, um im Stile des 19. Jahrhunderts ein idyllisches Leben abzuschildern. Die Bilder wandeln sich mehr und mehr zu Evokationen von Träumen, zu Versuchen, Erinnertes wiederzugewinnen. Die Methode, mit der dies geschieht, erscheint einfach, überschaubar, ohne gesuchte Effekte. Man kann sich vorstellen, wie Reisen aufs Land die Eindrücke hinterlassen haben, denen die Malerin Gestalt zu geben versucht.«

Siegfried Gohr, Ausstellungskatalog *Wunderland/Klasse Anzinger*, WGZ Bank, Düsseldorf 2006.

Von oben nach unten: *Buxtehude*, 2014, Öl auf Leinwand, 21 cm × 30 cm; *Buxtehude*, 2014, Öl auf Leinwand, 24 cm × 27 cm; *Buxtehude*, 2014, Öl auf Leinwand, 23 cm × 30 cm; *Buxtehude*, 2014, Öl auf Leinwand, 20 cm × 26 cm

Von oben nach unten: Ohne Titel, 2013, Öl auf Leinwand, 21 cm × 27 cm;
Ohne Titel, 2013, Öl auf Leinwand, 23 cm × 19 cm Ohne Titel, 2013, Öl auf Leinwand, 20 cm × 23 cm

Baum, 2014, Öl auf Leinwand, 180cm × 125cm

Wald, 2014, Öl auf Leinwand, 180cm × 220cm;
▸ *Pinien 2*, 2011, Öl Nessel, 200cm × 280cm

Gerhard Mantz

»Die Landschaften von Gerhard Mantz arbeiten zweigleisig: Sie bauen auf dem Vertrauten auf und führen dennoch in die Fremde. Ihre Erscheinungsweise beruht auf dem Vorbild des klassischen Gemäldes, Leinwandstoff aufgezogen auf Keilrahmen. Auf dem Gemälde selbst aber wird man keinen Pinselstrich entdecken. Und die Landschaften, die der Betrachter sieht, scheinen aus einer anderen Zeit zu kommen. Wollte man deren Alter festlegen, so fällt einem eher das Mesozoikum ein als eine Gegenwart. Und dennoch erscheint einem die Szenerie seltsam bekannt. Sind es Traumlandschaften oder Filmszenerien? Das bleibt unentschieden.«

Thomas Wulffen, *Vom Kontinuum im Diskontinuum*, in: Ausstellungskatalog *Wie Gemalt. Bildner im 21. Jahrhundert*, Kai Uwe Schierz (Hrsg.), Bielefeld 2011, S. 83.

Ahnende Erfahrung, 2009, Pigmentierte Tinte auf Leinwand, 55 × 100 cm

Erhoffte Erfüllung, 2009, Pigmentierte Tinte auf Leinwand, 100 × 180 cm

Unsichtbare Gegenwart, 2009, Pigmentierte Tinte auf Leinwand, 100 × 180 cm

Akzeptable Toleranz, 2009, Pigmentierte Tinte auf Leinwand, 100 × 180 cm

Glückliche Tage, 2007, Pigmentierte Tinte auf Leinwand, 100 × 190 cm

Wald, vor 1893, Öl auf Leinwand, 96 × 70 cm,
Villa Vauban – Musée d'Art de la Ville de Luxembourg, Collection Léon Lippmann

Henri Marcette

»Der belgische Maler und Kupferstecher Henri Marcette war auf Landschaftsdarstellung spezialisiert. Seine Bilder zeigen häufig idyllische Waldlandschaften, beispielsweise in den Ardennen. Vermutlich stand er später der Schule von Tervueren nahe, einer Künstlerkolonie, die sich nach 1860 bildete. Die Ortschaft in der Nähe von Brüssel entwickelte sich zum *belgischen Barbizon*. Die Maler, die stark durch die französische Landschaftsmalerei beeinflusst waren, wollten durch das Arbeiten im Freien ihre Umgebung möglichst realistisch wiedergeben.«

Angelika Glesius, Villa Vauban – Les 2 Musées de la Ville de Luxembourg, Bildbeschreibung

Benjamin Nachtwey

»Benjamin Nachtwey ist als Künstler in den Arbeiten der letzten Jahre fast so etwas wie ein *Dokumentarist* seiner Umgebungen, der in seinen *Beobachtungen* in Form von gemalten Stadtarchitekturen, Tankstellen und Interieurs, konzeptuell oft in Serienform gehalten, stets von seiner städtischen Sehweise geprägt zu sein scheint. Seit einiger Zeit |…| dringt auch *die Natur* |…| immer mehr in seine Arbeit ein. |…| Er ermöglicht es dem Betrachter, langsamen Schrittes mit ihm immer tiefer in sein florales Universum einzutauchen. |…| Aus dem Feld, durch das Gestrüpp, hinein in den Wald, wobei die Struktur der Bilder gleichzeitig immer dichter und komplexer wird. |…| während Unschärfen manchen Bildern, (z. B. *Serie Wald*) wiederum etwas Geheimnisvolles verleihen. Hierdurch entsteht ein facettenreiches, vielfältiges Abbild von *Naturschönheit*, |…| aber erst der Wald entfaltet hier das ganz große *narrative Potential*, wird zu einer Art Bühne. Pickups als Symbole des Eindringens der Zivilisation in die Natur, vereinzelte Personen, umgeben von urwaldähnlichem Strauchwerk, erzählen von der Sehnsucht, aber auch der Entfremdung des Menschen in der Natur, die in ihrer Schönheit und Verschlungenheit unbezwingbar zu sein scheint. Die Malerei, hier ganz offen *dark poetry*, gibt dem Betrachter aber auch Rätsel auf und eröffnet ihm Raum für eigene Phantasien.

Wulf Aschenborn, *Benjamin Nachtwey, »offene« Landschaften*, in: Ausstellungskatalog *Benjamin Nachtwey Green*, Kunstverein Trier Junge Kunst (Hrsg.), Trier 2011, S. 5 ff.

pick-up, 2010, mixed media / Acryl, Öl auf Leinwand, 130 × 200 cm

Großes Dötlingen-Unterholz, 2009, mixed media / Acryl, Öl auf Leinwand, 160 × 220 cm

Yaddo-Nachtwald, 2014, mixed media / Acryl, Öl auf Leinwand, 130 × 200
pick-up, 2010, mixed media / Acryl, Öl auf Leinwand, 90 × 150 cm

Lydia Oermann

»Mich interessieren die glatten Oberflächen beim Acryl sowie die räumlichen Sichtweisen, die sich durch die verschiedenen Ebenen ergeben. Die verwendeten Strukturen stammen von geschichtetem Holz und wurden im Computer verändert und verfremdet. Dennoch bleiben sie für den Betrachter erkennbar. Ziel ist nicht, möglichst realistisch abzubilden, es ist vielmehr ein Spiel mit Raum, Form und Farbe.«

Lydia Oermann, Statement zu den *Wood 1/Wood 2 Stelen*, August 2014

Hirsch, Siebdruck (Gouachefarben und Acryl auf Leinwand), 70 × 150 cm

Wood 1 (Stele), 2014, Acrylglas, Edelstahl, 60 × 25 × 5 cm

Wood 2 (Stele), 2014, Acrylglas, Edelstahl, 60 × 25 × 5 cm

Armand Quetsch

»Die Fotoserien von Armand Quetsch bewegen sich im Spannungsfeld von Dokumentation, Erinnerung und Vergessen. Einfache Architektur-, Objekt- oder Naturdetails arrangiert er zu starken Stimmungsbildern, die zu *zeitlosen*, emotionalen Erinnerungsfragmenten werden. Der Ort als solches wird unwichtig und tritt in den Hintergrund. Dem Künstler ist eher die Vermittlung von Gefühl und Stimmung wichtig. Auf der perfekt komponierten Fotografie blickt der Besucher durch ein aufgebrochenes Baumdach in einen hellblauen Himmel. Die gleissende Sonne steht im Zentrum des Bildes. Dieser Ausschnitt wirkt einerseits vertraut, andererseits verstörend und rästelhaft, was den Blick unweigerlich im Bild gefangen hält.«

Angelika Glesius, Villa Vauban – Les 2 Musées de la Ville de Luxembourg, Bildbeschreibung

Ohne Titel, 2012, Fotografie, Villa Vauban – Musée d'Art de la Ville de Luxembourg, Collection de la Ville de Luxembourg

Diana Rattray

»Die abstrahierten Landschaftsausschnitte, die Rattray hinter oder – in einzelnen mehrteiligen Arbeiten – neben den dargestellten Menschen zeigt, unterstreichen den Eindruck zunehmender Vieldeutigkeit und öffnen sich zugleich als Träger weiterer Gefühlswelten. Bisweilen werden sie geradezu zu *begehbaren Seelenlandschaften*. Auch in der Wahl ihrer Bildtitel lässt Rattray jene Zweideutigkeit zu, die die Form ihrer Bilder bereits signalisiert: |…| Menschen sind Spiegelbilder unserer Sichtweise auf ein Stück Außenwelt, das wiederum unsere Innenwelt widerzuspiegeln vermag. Deshalb betreffen Diana Rattrays Bilder auf eine eigenartig direkte Weise, obwohl wir keinen der Dargestellten kennen.«

Erika Költzsch, *A Day Return*, in: Ausstellungskatalog *Diana Rattray A Day Return*, Galerie Haas AG Zürich (Hrsg.), Zürich 2006, o. S.

◀ *On The Rocks*, 2013, Pastell, 112 × 140 cm
A Winters Tale, 2012, Pastell, 117 × 77 cm
Cold Feet, 2011, Pastell, 55 × 38 cm
Lost And Found, 2007, Pastell, 184 × 134 cm
▶ *Taming*, 2014, Pastell, 100 × 140 cm

Fernand
Roda

»Ich beschäftige mich viel mit Landschaften, weil in der Landschaft im Grunde genommen alles drin ist. Von der rein abstrakten Form bis zum üppigsten Kitsch ist in der Landschaft alles vorhanden. Man muss es nur sehen. Ich finde es toll, Momente herauszunehmen und in ein einen neuen Kontext, eine neue Sichtweise zu stellen. |...| Das Motiv ist klar, aber so lange ich nicht weiß, wie es aussehen soll, fange ich nicht an zu malen. Wenn ich mein Bild nicht schon mehr oder weniger im Kopf habe, fange ich nicht an. Ich fange erst an, wenn ich weiß ja, das könnte man künstlerisch so und so machen. |...| Die Arbeit findet bei mir im Kopf statt. Und dann wird sie umgesetzt.«

Fernand Roda. Luxemburger Künstler in Düsseldorf, Interview von Ulrike Damm, in: Ausstellungskatalog *Was uns antreibt – acht Künstler aus Düsseldorf*, WGZ Bank (Hrsg.), Düsseldorf 2011.

◄ *Farnwald*, 2006, Öl auf Leinwand, 180 × 220 cm
Birkenhain, 2011, Öl auf Leinwand, 68 × 40 cm
Herbstimpression, 2014, Öl auf Leinwand, 100 × 70 cm

Pyrenäen, 2014, Öl auf Leinwand, 220 × 180 cm

Zedernwald, 2014, Öl auf Leinwand, 50 × 80 cm

Katrin
Roeber

»Meine Landschaftsbilder male ich draußen in der Natur. Mit der Motivsuche bestimme ich meinen Standort und fokussiere die Distanz, die zwischen mir und dem Dargestellten herrscht.
Mein Malprozess besteht aus zwei Schritten. Als erstes vereinfache ich das Motiv, indem ich die verschiedenen Raumebenen bestimmten Farben, Formen und Pinselstrukturen zuordne. Es entstehen kubistische Formen mit expressiven Farben. Im zweiten Schritt setze ich mich mit der ständigen Veränderung des Lichts auseinander, das die Farbstimmung beeinflusst und die Schatten in Bewegung hält. Hier kommen die Faktoren Geschwindigkeit und Zeit ins Spiel. Mit einer naturnahen Farbwahl und schnellen, fast impressionistischen Pinselstrichen fasse ich meine Wahrnehmung der Atmosphäre zusammen.
Einerseits nehme ich die Natur durch eine kunstgeschichtlich geprägte Sehweise der Malerei wahr. Andererseits folge ich beim Malen vor Ort meinen eigenen visuellen Wahrnehmungen. Ich entdecke die Überfülle der Landschaft. Das gelungene Bild wird so als eine geglückte Synthese von kunstgeschichtlichen Referenzen und meiner eigenen Beobachtung der Landschaft und des Lichtwechsels erscheinen.
Ich nehme die Natur gleichzeitig als etwas Nahes und Fernes, Monumentales und Detailreiches wahr. Das Dargestellte lässt sich nie wirklich fokussieren und der Betrachter bleibt angesichts der Momentaufnahme einer Landschaft, die ständig in Bewegung ist, auf Distanz. Das Arbeiten in der Natur hat mich durch Studienaufenthalte und Stipendien an immer neue Orte mit gegensätzlichen Landschaften geführt und meine bildnerischen Ausdrucksmöglichkeiten erweitert. Es hält mich in Bewegung.«

Katrin Roeber, Statement zu den *Waldarbeiten* 2013

◂ *Waldstück I*, 2013, Acryl auf Leinwand, ca 30 × 40 cm
Park II, 2013, Acryl, auf Leinwand, 135 × 160 cm
Waldstück II, 2013, Acryl auf Leinwand, ca 35 × 40 cm

Wald II, 2013, Acryl auf Leinwand, 145 × 135 cm

Thomas Schoenauer

»Thomas Schönauer ist Forschender und Schaffender zugleich. |...| Industriematerialien einsetzend, macht sich der Maler Schönauer als Verfahrenstechniker prozedurale Kenntnisse in Metallverarbeitung und Farbchemie zu eigen. |...| Dazu hat er an der Entwicklung eines einzigartigen Produkts mitgearbeitet. Er hat einen Metallkleber auf Epoxydharzbasis mit seinen Worten *missbraucht*, indem er ihn zum Gastgeber konzentrierter Pigmentpasten gemacht hat. Diese Mischung wird auf den nicht saugbaren, ungrundierten Untergrund einer Stahlplatte aufgebracht, wobei die jeweiligen Materialien nur bedingt Verbindungen miteinander eingehen. Die Pigmentpasten, die es in den Grundpasten Rot, Gelb und Blau, sowie in Schwarz und Weiß gibt, werden als Flüssigpigmente gemischt. |...| Er lässt die Farbe fließen, indem er sie aus kleinen Töpfen aus unterschiedlicher Höhe auf den Bildträger gießt. Dabei nimmt die Farbe die Form an, die das Malmaterial aufgrund der Schwerkraft bereit ist, anzunehmen. Es versteht sich von selbst, dass diese Prozesse schnell vonstattengehen müssen.
Dem Künstler stehen nur kleine, sehr begrenzte Zeitfenster zur Verfügung. Er arbeitet nass in nass und choreographiert dabei die Farbflüsse sehr spontan. Im Unterschied zum Tagewerk der Freskenmaler früherer Epochen handelt es sich hier um *Stundenwerk* |...| Dem Betrachter wird *Action-Painting* in Reinform geboten. Vor diesem Hintergrund verwundert es nicht, dass mit diesem Fließen, Laufen, Sich ausbreiten, Einfallen oder aber Vorstoßen von Farbe ein dezidiert zeitliches Moment in den Bildern spürbar wird.«

Juliane Zetzsche, *Raumfahrten*, in: Katalog *landscape paintings – engineered by thomas schönauer*, Nicolaische Verlagsbuchhandlung (Hrsg.), Berlin 2012, S.7f.

Autumn Forest, 2014, Epoxidharz / Pigmente auf Edelstahl, 200 × 300 cm

HD
Schrader

»Seine [HD Schrader's, d. Autorin] Werke sind Ausdruck einer räumlichen Intervention, mit der die Beziehungen zwischen dem Kunstwerk auf der einen und der Natur, der Architektur, dem Milieu, den Bedingungen und dem Raum auf der anderen Seite neu definiert werden. |…| Prägnante, einfache Formen und kräftige sinnliche Farben, die mit der rationalen Skulptur kontrastieren, stehen für die schillernde Ausstrahlung und Energie seiner Objekte. |…| Aus Schraders Kunst spricht ein ausgeprägt individueller Stil. Der auf der Synthese ästhetischer Charakteristika der geometrischen Kunst, der Pop-Art, der Kunst im öffentlichen Raum und der Umweltkunst basiert. Seine systematischen Konstruktionen aus markanten geometrischen Formen (Quadrate, Kugeln, Quader, Rhomben) verlangen nach satten monochromen Farben (Rot oder Schwarz), die die Form des Objekts betonen, während sie sich vom Ausstellungsort und seiner Umgebung abheben.«

Huang Du, *Woodwatchers and others*, in: Ausstellungskatalog: *HD Schrader Woodwatchers and others*, Ludwig Museum, Koblenz und Today Art Museum, Peking, 2010, S. 26f.

Elastic Cubes, 1999, Aluminium, rot lackiert, 200 × 800 × 200 cm
Nightingale Nestinghouses, 2010, Holz, rot lackiert, 100 × 18 × 32 cm, 5 Nistkästen

Sous-bois d'automne, Öl auf Leinwand, 40 × 50 cm,
Villa Vauban – Musée d'Art de la Ville de Luxembourg, Don de Mme Seimetz

Frantz Seimetz

»Seimetz war ein rastloser Mensch; es hielt ihn nie lange an einem Ort. Zusammen mit seiner Frau führte er ein Leben, das von Reisen und zahlreichen Umzügen geprägt war. Dies war nicht zuletzt möglich, weil das Paar kinderlos blieb. |...| Nach seiner Heirat 1897 unternahm Seimetz zusammen mit seiner Frau etliche Reisen durch ganz Europa, u. a. nach Südfrankreich, ins Elsass, nach Italien, Griechenland und Kroatien. |...| Seine Gemälde lesen sich dabei wie ein bebildertes Reisetagebuch. Ab etwa 1900 weisen die Landschaftsgemälde eine spürbare Hinwendung zum Impressionismus auf. Seimetz verschrieb sich als erster luxemburgischer Maler konsequent der Freiluftmalerei. |...| Auch das weitere Umland seiner luxemburgischen Heimat hielt der Maler aus Grevenmacher in zahlreichen Bildern fest. |...| Auch zeigte er nicht immer nur sonnige Landschaften, gerade auch die melancholische Stimmung an neblig trüben Tagen gab er treffend wieder.«

Ausstellungskatalog *Von der Mosel in die Welt. Der Maler Frantz Seimetz (1858 -1934), Villa Vauban* – Musée d' Art de la Ville de Luxembourg (Hrsg.), Luxembourg 2014, 2. ergänzte Auflage, S. 80, 118, 150.

Nils Sievers

»Sein Hauptthema ist die Landschaft, |…| das Augenmerk des Künstlers liegt dabei auf Nachtaufnahmen und Dämmerungszuständen, |…| alle Bilder vermitteln eine Stimmung der Stille und Einsamkeit, die immer die Spannung hält zwischen Unbestimmtheit und Klarheit, zwischen Unheimlichem und Wohltuend-Vertrautem. |…| Mit der Verwendung von Ölfarben und Eitempera in einem akribischen Pinselduktus versucht er den alten Meistern auf der Spur zu bleiben, ihre Geheimnisse ernst zu nehmen. Als zeitgenössischer Maler experimentiert er mit Sprühlack und versucht, die beiden unterschiedlichen Techniken in einer eigenwilligen Handschrift zusammenzuführen. Auch die Pinselführung ist spannungsreich, mal begegnen wir minutiösen, fast pointillistisch gemalten Blattwerken, mal grobem Graffiti oder sogar klaren geometrischen Formen |…|.«

Christiane Bühling-Schultz, *Silence is Golden*, in: Ausstellungskatalog *Niels Sievers, it's all right*, Galerie Martin Kudlek Köln, Köln 2014, o. S.

Untitled, 2013, Öl auf Leinwand, 26 × 33 cm

close, 2014, Öl und Lack auf Leinwand, 150 × 170 cm

bank, 2014, Öl und Eitempera und Lack auf Leinwand, 190 × 160 cm

Untitled, 2014, Öl auf Leinwand, 31 × 25 cm

Gabi Streile

»|...| das was wir das Landschaftliche nennen können – hat von jeher eine zentrale Rolle im Werk der Malerin Gabi Streile gespielt. |...| Die einerseits gestisch bestimmte Malweise, löst sich andererseits kaum vom Gegenständlichen, um die Bilderfindung zu abstrahieren. |...| Sie besitzen keine Referenz im Äußeren, sondern haben eine jahrzehntelange Arbeit am konkret Landschaftlichen zu einer vollkommenen Verinnerlichung heranreifen lassen, die nun reine Bilderfindung geworden ist.«

Bernd Künzig, *Imaginäre Landschaft. Die Landschafts(er)findungen der Gabi Streile*, in: Ausstellungskatalog *Gabi Streile Land*, Offenburg, u.a. Galerie Tammen, Berlin (Hrsg.), Kappel-Grafenhausen 2008, S. 3f.

Tannen, Triptychon, orange, schwarz, blau, 2014, Öl auf Leinwand, je Bild 150 × 120 cm, zusammen 150 × 360 cm

Wald — Bäume, Tannen ...

Wetterstürmen ausgesetzt, zerfleddert,

in Regengüssen über die Leinwand fließend

wehren sie sich, recken sich bis an die Bildränder

hölzernen Gerüsten gleich, verdichten sich zu

tänzerischer Gebärde,

dunkle Zeichen in Blau, Grau, Weiß und

Rot des Abendhimmels ...

... mein alter Ego ...?

Gabi Streile — kurzes Statement zum Thema meiner Waldbilder

Tanne grün auf rot, 2013, Öl auf Leinwand, 210 × 120 cm

Wald (lichter, durchgrünter Laubwald), 1907, Öl auf Leinwand, 70,9 × 50,8 cm, Stadtmuseum Simeonstift Trier

August Trümper

»Ihr Lehrer, August Trümper, hatte in Hamburg eine Lehre zum Theater- und Dekorationsmaler absolviert und an der Kunstgewerbeschule in Hamburg sowie an der Hochschule des Kunstgewerbemuseums Berlin studiert. Nach zweijähriger Tätigkeit als Assistent an der Königlichen Kunstschule Berlin, während der er zusätzlich als Hospitant die Akademie für Bildende Künste besuchte, war er im April 1901 als Leiter der Malklasse nach Trier berufen worden, wo er Zeichnung, Malerei und Komposition, Akt- und Porträtzeichnen unterrichtete. Er schlug die Brücke zwischen dem Kunstgewerbe, das in der Klasse für Malerei gelehrt werden sollte, zum individuellen Künstler. Mit seiner Malklasse unternahm Trümper regelmäßig Ausflüge in die nähere Umgebung von Trier, um Skizzen und Zeichnungen in der Natur zu machen.«

Bärbel Schulte, 2. Ausbildung: Trier, Düsseldorf, München, Weimar, in: Ausstellungskatalog *Max Lazarus Trier – St. Louis – Denver. Ein jüdisches Künstlerschicksal*, Stadtmuseum Simeonstift Trier (Hrsg.), Trier 2010, S. 38.

Su-Mei Tse

»In Mistelpartition zieht eine Baumreihe im *Travelling* vorbei, wie eine singende Partitur. Die melancholische Stille wird von einer mysteriösen Musik unterbrochen (ein Ausschnitt aus dem Cello Konzert n°1 von D. Schostakovitch). Diese wird bildlich dargestellt durch Illuminationen in den Misteln im winterlichen Geäst – eine ferne Spiegelung einer vergessenen Melodie.«

Su-Mei Tse, Kurze Werkbeschreibung

Mistelpartitur (Mistel Score), 2006, Video projection, sound+silence, 6'49'' looped

Ohne Titel (Blick auf eine mit blühenden Bäumen bestandene Wiese),1959,
Öl auf Pressspan, 44,3 × 63,3 cm, Stadtmuseum Simeonstift Trier

Leo Winkelmann

»Winkelmanns Welt, die seine Malerei wiedergibt, ist keine heile und unbeschwerte. Viel Melancholie und Schwermut prägte seine Arbeit, eine Folge seiner Erfahrungen im Krieg. Winkelmann, den Zeitgenossen als einen introvertierten Mann kannten, zog sich gerne in die malerischen Heidelandschaften zurück, um diese auf die Leinwand zu bannen. Nach dem Krieg mußte als Bildträger Presspappe genügen. Mancher ältere Besucher der Ausstellungseröffnung konnte sich noch daran erinnern, wo der Maler seinerzeit die Staffelei aufbaute.«

Winkelmanns Welt voller Melancholie. Ausstellung in Schermbeck, in: Westdeutsche Allgemeine Zeitung, 8.10.1996.

LISTE DER AUSGESTELLTEN WERKE

Bei der Liste der ausgestellten Werke handelt es sich um die Auflistung der für die Ausstellung ausgeliehenen Exponate. Möglicherweise werden aus Platzgründen nicht alle der genannten Bilder in der Ausstellung gezeigt.

Jean-Marie Biwer | *Mit Bäumen*, 1997, Acryl auf Leinwand, 130 × 160 cm | Collection Beaux Arts: Les 2 Musées de la Ville de Luxembourg | *Die Ewigkeit ist in einem Stein hörbar*, um 1992, Acryl auf Leinwand, 72 × 90 cm | Collection Beaux Arts: Les 2 Musées de la Ville de Luxembourg

Sebastian Böhm | *Wäldernächte Lichter (Stereozeit)*, 2007, Öl, Jute, Fichte, Lack, 189 × 340 × 15 cm (zweiteilig) | *Helmholtzwald*, 2008, Öl, Jute, Fichte, Lack, 38 × 60 × 5 cm | *Umfeld Stamm*, 2008, Öl, Jute, Fichte, Lack, 38 × 60 × 5 cm | *Birkenstamm*, 2004/2005, Öl, Jute, Fichte, Lack, 80 × 190 × 15 cm

Hans Burnitz | *Frühnebel*, 1906, Öl auf Leinwand, 70 × 59,5 cm, Staatliche Kunsthalle Karlsruhe

Helge Hommes | *folge mir*, 2010 / Öl, Dispersion auf Leinwand, 60 × 90 cm, SØR Rusche Oelde / Berlin | *Waldesruh*, 2005, Öl auf Leinwand / 230 × 450 cm (H. H. hat diese Arbeit umbenannt; im Katalog H.H. Quod sumus – hoc eritis, 2010, S. 52/53, heißt sie noch into the trees). | *du*, 2008, Öl auf Leinwand, 60 × 90 cm, Serie | *into the trees*, 2007, Öl auf Leinwand, 200 × 300 cm, Privatsammlung Koblenz

Gustav Kampmann | *Im Laubwald*, 1893, Öl auf Leinwand auf Karton aufgezogen, 30,7 × 24 cm (Leinwand), 31 × 24,5 cm (Karton), Staatliche Kunsthalle Karlsruhe

Gudrun Kemsa | *Forest*, 2014, 1-Kanal-Videoinstallation, HD, Bild: Gudrun Kemsa, Ton: Peter Thoma, Gabriel Denhoff, ca. 5 Min.

Bodo Korsig | *Der Lindenbaum / Schuberts Winterreise*, 2013, 1-Kanal-Videoinstallation, Full HD 16:9, Kamera: Bodo Korsig Schnitt: Janine Dauterich, Musik: Klangforum Wien, Dauer: 4:58 Minuten

Gisela Krohn | *Wald for ever 1.1*, 2014, Öl auf Leinwand, 190 × 300 cm | *Dunkles Dickicht*, 2008, Öl auf Leinwand, 130 × 170 cm, Privatsammlung Berlin | *Linumhorster Allee klein*, 2012, Öl auf Leinwand, 60 × 50 cm | *Wald for ever 2*, 2013, Öl auf Leinwand, 50 × 60 cm, Galerie Biesenbach, Köln

Max Lazarus | *Hunsrücklandschaft*, 1927, Gouache / Tempera auf Karton, 50,5 × 61,5 cm, Stadtmuseum Simeonstift Trier | *Wald*, 1919, Öl auf Pappe, 46,5 × 39,5 cm, Stadtmuseum Simeonstift Trier | *Mosellandschaft*, 1923, Öl auf Leinwand, 73 × 100 cm, Stadtmuseum Simeonstift Trier

Andrea Lehnert | *Wald*, 2014, Öl auf Leinwand, 180 × 220 cm | *Bäume*, 2014, Öl auf Nessel, 160 × 210 cm (ohne Abbildung) | *Pinien 2*, 2011, Öl Nessel, 200 × 280 cm | *Schmetterlinge*, Öl auf Leinwand, 180 × 125 cm (ohne Abbildung) | *Baum*, 2014, Öl auf Leinwand, 180 × 125 cm | *Ohne Titel*, 2013, Öl auf Leinwand, 20 × 23 cm | *Ohne Titel*, 2013, Öl auf Leinwand, 21 × 27 cm | *Ohne Titel*, 2013, Öl auf Leinwand, 23 × 19 cm | *Buxtehude*, 2014, Öl auf Leinwand, 20 × 26 cm | *Buxtehude*, 2014, Öl auf Leinwand, 21 × 30 cm | *Buxtehude*, 2014, Öl auf Leinwand, 23 × 30 cm | *Buxtehude*, 2014, Öl auf Leinwand, 35 × 26 cm | *Buxtehude*, 2014, Öl auf Leinwand, 30 × 37 cm (ohne Abbildung)

Gerhard Mantz | *Glückliche Tage*, 2007, Pigmentierte Tinte auf Leinwand, 100 × 190 cm | *Erhoffte Erfüllung*, 2009, Pigmentierte Tinte auf Leinwand, 100 × 180 cm | *Unsichtbare Gegenwart*, 2009, Pigmentierte Tinte auf Leinwand, 100 × 180 cm | *Ahnende Erfahrung*, 2009, Pigmentierte Tinte auf Leinwand, 55 × 100 cm | *Akzeptable Toleranz*, 2009, Pigmentierte Tinte auf Leinwand, 100 × 180 cm

Henri Marcette | *Wald*, vor 1893, Öl auf Leinwand, 96 × 70 cm, Collection Beaux Arts: Les 2 Musées de la Ville de Luxembourg

Benjamin Nachtwey | *Großes Dötlingen-Unterholz*, 2009, Acryl / Leinwand, 160 × 220 cm | *Yaddo-Nachtwald*, 2014, Acryl / Öl / Leinwand, 130 × 200 | *pick-up*, 2010, Acryl / Öl / Leinwand, 90 × 150 cm | *pick-up*, 2010, Acryl / Öl / Leinwand, 130 × 200 cm | *Yaddo-Nachtwald blau*, 2014, Acryl / Öl / Leinwand, 60 × 90 (ohne Abbildung)

Lydia Oermann | *Wood 1 (Stele)*, 2014, Acrylglas, Edelstahl, 60 × 25 × 5 cm | *Wood 2 (Stele)*, 2014, Acrylglas, Edelstahl, 60 × 25 × 5 cm | *Hirsch*, Siebdruck (Gouache und Acryl auf Leinwand), 70 × 150 cm

Armand Quetsch | *Ohne Titel*, 2012, Fotografie, Collection Beaux Arts: Les 2 Musées de la Ville de Luxembourg

Diana Rattray | *Lost And Found*, 2007, Pastell, 184 × 134 cm | *On The Rocks*, 2013, Pastell, 112 × 140 cm | *A Winters Tale*, 2012, Pastell, 117 × 77 cm | *Cold Feet*, 2011, Pastell, w55 × 38 cm | *Taming*, 2014, Pastell, 100 × 140 cm

Fernand Roda | *Birkenhain*, 2011, Öl auf Leinwand, 68 × 40 cm | *Farnwald*, 2006, Öl auf Leinwand, 180 × 220 cm | *Herbstimpression*, 2014, Öl auf Leinwand, 100 × 70 cm | *Pyrenäen*, 2014, Öl auf Leinwand, 220 × 180 cm | *Zedernwald*, 2014, Öl auf Leinwand, 50 × 80 cm

Katrin Roeber | *Park II*, 2013, Acryl, auf Leinwand, 135 × 160 cm | *Wald II*, 2013, Acryl auf Leinwand, 145 × 135 cm | *Waldstück I*, 2013, Acryl auf Leinwand, ca. 30 × 40 cm | *Waldstück II*, 2013 Acryl auf Leinwand, ca. 35 × 40 cm

Thomas Schönauer | *Autumn Forest*, 2014, Epoxidharz/Pigmente auf Edelstahl, 200 × 300 cm

HD Schrader | *Elastic Cubes*, 1999, Aluminium, rot lackiert, 200 × 800 × 200 cm **|** *Nightingale Nestinghouses*, 2010, Holz, rot lackiert, 100 × 18 × 32 cm, 5 Nistkaesten **|** *Cube and Tree*, 2014, Holz, rot lackiert, 60 × 60 × 60 cm, Profil 5 x 5 cm (ohne Abbildung)

Frantz Seimetz | *Sous-bois d'automne*, Öl auf Leinwand, 40 × 50 cm, Collection Beaux Arts: Les 2 Musées de la Ville de Luxembourg

Niels Sievers | *Untitled*, 2013, Öl auf Leinwand, 26 × 33 cm **|** *close*, 2014, Öl und Lack auf Leinwand, 150 × 170cm **|** *bank*, 2014, Öl und Eitempera und Lack auf Leinwand, 190 × 160cm **|** *Untitled*, 2014, Öl auf Leinwand, 31 × 25 cm

Gabi Streile | *Tannen*, Triptychon, orange, schwarz, blau, 2014, Öl auf Leinwand, je Bild 150 × 120 cm, zusammen 150 × 360 cm **|** *Tanne grün auf rot*, 2013, Öl auf Leinwand, 210 × 120 cm

August Trümper | *Wald (lichter, durchgrünter Laubwald)*, 1907, Öl auf Leinwand, 70,9 × 50,8 cm, Stadtmuseum Simeonstift Trier

Su-Mei Tse | *Mistelpartitur (Mistel Score)*, 2006, Video projection, sound+silence, 6'49" looped Audiovisual animation in collaboration with Jean-Philippe Deslandes. Musik: Dimitri Shostakovitch, Auszug des cello concerto no.1 in E flat major, opus 107. Interpret: Grand Orchestre Symphonique de RTL (OPL). Dirigent: Leopold Hager Solist: Françoise Groben

Leo Winkelmann | *Ohne Titel (Blick auf eine mit blühenden Bäumen bestandene Wiese)*, 1959, Öl auf Pressspan, 44,3 × 63,3 cm, Stadtmuseum Simeonstift Trier

BIOGRAPHIEN

Die biographischen Angaben stammen von den Künstlern, den Leihgebern, und einschlägigen Lexika, wie Thieme-Becker, Wikipedia.

Jean-Marie Biwer | 1957 geboren in Diddeleng / Luxembourg. 1973–1974 Lycée Technique des Arts et Métiers, Luxembourg. Seit 1974 freischaffender Maler. 1987 *1er Prix de la critique à la Biennale d' Esch sur-Alzette / Lux.* 1989 *Eighty – Les peintres de l'Europe des années, 80.* 1989 *Prix de Raville.* 1993 vertrat er Luxembourg zusammen mit Bertrand Ney auf der Biennale Venedig. 2000 Alte Brauerei Bitburg, Ausstellung *Statements* mit 56 großformatigen Bildern. 2000 *Premier Prix du Concours d' Art Sacré, Luxembourg.* 2004 Dekoration der luxemburgischen Botschaft in Washington mit Fresken. Seit 1980 zahlreiche Einzel und Gruppenausstellungen im In- und Ausland. Jean Marie Biwer lebt und arbeitet in Basbellain / Luxembourg.

Sebastian Böhm | Geboren 1972 in Berlin. Seit 1993 kontinuierliche bildkünstlerische Arbeit: Malerei, Graphik, Objekt, Installation im Außenraum. Seit 1996 Ausstellungen. Seit 2007 Dozent für Malerei an der Europäischen Kunstakademie Trier. Seit 2009 Dozent der Kunstfähre Trier. Zwischen 2001 und 2005 zweiter, 2006 und 2009 erster Vorsitz im Kunstverein Trier Junge Kunst. Atelierarbeit 2010 / 11 an der Kurfürst-Balduin-Hauptschule, Trier; Lehrauftrag 2010 an der Universität Trier. 2013 / 14 / 15 Artist in Residence am Friedrich-Spee-Gymnasium, Trier. 2013 Nominiert durch die Stadt Trier für den Kunstpreis Prix d´Art / Robert-Schuman. 2014 Entwurf für ein Mahnmal der Stadt Pirmasens, zweiter Preis. Sebastian Böhm lebt und arbeitet in Trier.

Hans Burnitz | Geboren am 8.9.1875 in Frankfurt a.M. als Sohn des Malers Karl Peter Burnitz. 1892–1894 Ausbildung an der Städelschen Kunstschule unter Heinrich Hasselhorst, später bei Ernst Friedrich Hausmann an der Berliner und bei Carl von Marr an der Münchner Akademie. Tätig in Frankfurt a. M. Gestorben am 6.8.1929 in Berchtesgarden.

Helge Hommes | »*Ich betrachte mein gesamtes Leben als Kunst, Leben = Kunst + Kunst = Leben«* (nach Joseph Beuys)«. 1964 geboren in Schwelm (NRW). Bis 1984 lebte er im Raum Wuppertal. In den Jahren 1977–1988 entwickelte sich eine kritische Haltung gegenüber dem gesellschaftlichem Leben. Es reifte die Entscheidung, ein alternatives Lebenskonzept zu leben. In der neuen Heimat Trier gründete er eine Öko-Aussteigerfamilie (3 Kinder) und fand eine Möglichkeit, seiner kritischen Haltung durch Malen eine Ausdrucksform zu geben. Bis 1992 gestaltete er ein unkonventionelles Leben als Straßenmaler. Ein über Jahre parallel praktiziertes Selbststudium der Kunst wurde zur Basis für die Entscheidung, Künstler zu werden. 1992 / 93 zeigten verschiedene Galerien Interesse für seine Malerei. 1993 Galerie Epikur / Wuppertal erste Einzelausstellung (Ausgrabungen – Kindereien). 1995–1997 gestisch heftige Übermalungen von gesellschaftskritischen Arbeiten der Jahre 89 / 90 mit dem Werktitel *Begrünungen*, ein Wort, das er aus dem Bereich der Umweltpolitik entnahm. 1996 Art Frankfurt. 1998 neue Werkgruppe: die Waldarbeiten. Die Fokussierung auf die Architektur der Natur wurde mit der späteren Hinzunahme des Baumportraits zum Mittelpunkt seiner Arbeit. Der Baum als Spiegel. 2002 Umzug nach Aachen. 2008 Aufteilung seiner Arbeit in parallel laufende Werkgruppen. ... Architektur der Natur ... Das Baumportrait ... into the trees ... Ich-Bilder/Du-Bilder/WIR-Bilder. 2010 Neue Werkgruppe »...folge mir«. 2011 Im Rahmen der Grenzkunstroute-Übergriffe, einem Land-Art-Festival im Belgisch-Aachener Wald entstand der erste Sperrmüllbaum. »Für mich war diese Aktion mein persönlicher Beginn mit der Arbeit an der sozialen Plastik«. 2012 Beginn des Schreibens an dem Manifest: »Helge macht Feuer«. 2013 am 21. und 22. Sept. 2013 wurde das Manifest in der Galerie Queen Anne/Baumwollspinnerei Leipzig der Öffentlichkeit präsentiert. 2014 Beginn der Werkgruppe MORGENLAND. Seit 2012 lebt und arbeitet er in Leipzig und Aachen.

Gustav Kampmann | Geboren am 30.9.1859 in Boppard a. Rhein. 1873 Übersiedelung nach Karlsruhe. 1879-1883, unterbrochen durch einjährigen Militärdienst, Studium an der Karlsruher Akademie. Meisterschüler von Gustav Schönleber und Hermann Baisch. 1884-1887 Studienaufenthalt in München. 1886 Reisen nach Holstein und Ostpreußen. 1887 Übersiedlung nach Lübeck. Frühjahrsaufenthalt in Ostpreußen und Holstein. 1888 Kuraufenthalt in Walensee (Schweiz) und Aufenthalt in Schleißheim bei München. Von 1890 an in Grötzingen bei Karlsruhe tätig. 1891 Heirat mit Anna Roth aus Basel und Reise nach Belgien und Holland. 1895 Studienaufenthalt in Murgtal und an der Hornisgrinde (Nordschwarzwald). 1896 Wanderung durch die nördlichen Vogesen. Von 1897 an häufige Aufenthalte in Baar bei Donaueschingen. 1898 Reise in den Schweizer Jura. 1899 Wahl zum ersten Vorsitzenden des Karlsruher Künstlerbundes. 1901 Reise nach Frankreich, Spanien und Marokko. 1905 Ernennung zum Titularprofessor ohne Lehrverpflichtung an der Karlsruher Akademie. 1905-1907 in Durlach, dann wieder in Grötzingen ansässig. 1909 Aufenthalt in Wien, 1910 in Hegau, 1911 im Harz, 1912 in der Rhön und vor 1914 in den Schweizer Alpen. Am 12.8.1917 Freitod in Bad Godesberg.

Gudrun Kemsa | Geboren 1961 in Datteln/NRW. 1980-1990 Studium an der Kunstakademie Düsseldorf bei Prof. Karl Bobek und Prof. David Rabinowitch. 1989 Meisterschülerin 1997-1999 Lehrauftrag an der Bergischen Universität Wuppertal. 2000-2001 Lehrauftrag an der Hochschule Niederrhein in Krefeld. 2001 Professur für *Bewegte Bilder und Fotografie* an der Hochschule Niederrhein in Krefeld. Stipendien und Auszeichnungen (Auswahl): 2010 Kunststiftung NRW, Publikationsförderung des Buches URBAN STAGE 2008 Sonderpreis des 13. Marler Video-Kunst-Preises. 2004 Cité Internationale des Arts, Paris. 2000 Arbeitsstipendium an der Kunsthochschule für Medien in Köln | Artist in residence, C-Line Projects, Finnland. 1999 Projektstipendium am ZKM-Zentrum für Kunst und Medientechnologie, Karlsruhe. 1996-1997 Villa-Massimo-Stipendium, Rom. 1995 New York-Stipendium der Ernst-Poensgen-Stiftung. 1994 Projektförderung in Istanbul durch Ilford | Arbeitsstipendium des Kultusministeriums NRW in Kooperation mit dem Goethe-Institut Genua. 1992 Israel-Reisestipendium der Stadt Düsseldorf 1989 Italien-Reisestipendium des Kunstverein für die Rheinlande und Westfalen, Düsseldorf.

Bodo Korsig | 1962 in Zwickau geboren. 1986-90 Studium an der FWG Berlin. Seit 1992 Dozent an der Europäischen Akademie für Bildende Kunst Trier. Preise, Stipendien: 1992 Kunstpreis des Landkreises Trier-Saarburg 1995 Ramboux-Preis, Trier. 1995 Stipendium Hertogenbusch, Niederlande 1996 Stipendium Kunstfonds, Berlin. 1997 Kunstpreis. 1997

Holzschnitt, Ludwigsburg. 1998 Franz-Josef-Spiegler-Preis. 1999 Stipendium Künstlerhaus Lukas, Ahrenshoop; Internationales-Studio-Programm, New York. 2003 Max Kade Foundation, Grant/USA. 2004 Stipendium Schloss Wiepersdorf; Grand Prix 4th International Triennial Prague. 2005 Art/Omi, New York. 2007 kunst: raum sylt quelle. 2012 Artist Residency Inside-Out Art Museum Beijing. 2014 Artist Residency Largo das Artes in Rio de Janeiro.

Gisela Krohn | 1966 in Köln geboren. 1986 Fachabitur in Grafik und Design. 1988-1989. Einjähriger Studienaufenthalt in Quebec, Kanada. 1991–1995. Ausbildung zur Theatermalerin an der Deutschen Oper Berlin. 1995–2001. Studium der Malerei an der Kunsthochschule Berlin. 2000 Erasmus Stipendium, Bordeaux, Frankreich; Green Card USA: Studienreise NYC und Neuengland. 2001 Diplom der Malerei, Kunsthochschule Berlin-Weißensee bei H. Schimansky. Seit 2001 Atelier in Berlin und zeitweise Bayern. 2004–2007 Studienaufenthalte in Frankreich, Portugal und Italien. 2007 Studienreise Costa Rica. 2010 Studienreise und Einladung nach Südafrika/Victoria Wasserfälle. 2011–2013 Einladung/Stipendium für mehrere Aufenthalte in Polen–Kloster Marianowo. Gisela Krohn lebt und arbeitet in Berlin und Tutzing/Bayern.

Max Lazarus | Geboren am 12. Juli 1892 in Trier als Sohn eines Kohlenhändlers. Studium an der Handwerker- und Kunstgewerbeschule Trier und einigen der damals fortschrittlichsten dt. Kunstgewerbeschulen in Düsseldorf, Weimar (bei Henry van de Velde) und Berlin (Reimann-Schule bei Georg Tappert). Der Künstler war in den 1920er Jahren als Maler nicht nur in Trier bekannt und erfolgreich. Einer der bedeutendsten Synagogenmaler jener Zeit. Von den Nationalsozialisten vom Kunstbetrieb ausgeschlossen, floh der Mitbegründer der Trierer Künstlergilde 1938 in die USA, wo er sich zunächst in St. Louis niederließ. Die Dynamik der Großstadt, Menschen, Autos und grellere Farben fanden Eingang in seine Bilder und er wurde mit einer ersten Einzelausstellung gewürdigt. In seiner Heimat dagegen fiel er nahezu unmittelbar nach seiner Emigration in Vergessenheit. 1942 Umsiedlung in das klimatisch günstigere Denver für seine Tuberkuloseerkrankung. 1954 Rückkehr nach Trier. Vorzeitige Rückreise in die USA aufgrund einer Magenkrebserkrankung, der er am 9.12.1961 in Denver erlag.

Andrea Lehnert | 1974 geboren in Dortmund. 1997–2002 Studium an der Kunstakademie Düsseldorf, bei Prof. Anzinger. 2002 Meisterschülerin bei Prof. Anzinger. Auszeichnungen: 1992 Reisestipendium für Schülerinnen der Stadt Dortmund. 1998 1. Preis der Kö-Galerie Düsseldorf. 2002 Reisestipendium der Kunstakademie Düsseldorf. Andrea Lehnert lebt und arbeitet in Düsseldorf.

Gerhard Mantz | 1950 geboren in Neu-Ulm. 1970–1975 Kunstakademie Karlsruhe. 1979 Stipendium der Kunststiftung Baden-Württemberg. 1981–1982 Stipendium für die Cité des Arts, Paris. 1984–1985 Künstlerhaus Bethanien, Berlin. 1986 DAAD Stipendium für Jaddo, USA. 1986 Arbeitsstipendium des Senats von Berlin. 1986–1987 Stipendium des Kunstfonds, Bonn. 1994 Cité des Arts, Paris. 1995 Arbeitsstipendium des Senats von Berlin. 2004 CCA Andratx Residency, Mallorca. Gerhard Mantz lebt und arbeitet in Berlin.

Henri Marcette | Geboren 1824 in Spa, gestorben 1890 in Spa. Belgischer Maler, Spezialgebiet Landschaftsmalerei (Ardennen)

Benjamin Nachtwey | 1962 geboren in Hamburg. 1981–1991 Gasthörer an der FH für Gestaltung, Medizinstudium in Hamburg, Grundstudium Philosophie und Kunstgeschichte in Köln. 1991–1992 Studium der Freien Kunst an der Kunstakademie Münster bei Prof. Jochen Zellmann. 1992 Wechsel an die Kunstakademie Düsseldorf, Klasse Prof. B. Schiff 1996 Wechsel zu Prof. A. R. Penck. 1998 Meisterschüler. 1999 Akademiebrief. Auszeichnungen/Förderungen: 1997 Max-Ernst-Stipendium, 3. Preisträger DAAD-Reisestipendium, New York. 2004 Pfizer-Kunstwettbewerb, Preisträger. 2005 YADDO-Arbeitsstipendium, Saratoga Springs, Staat New York. 2008 Arbeitsaufenthalt Galleri ASK, Aasgaardstrand, Norwegen. 2010 artist in residence, Kunstquartier St. Christoph, Arlberg, Österreich. 2012 artist in residence, Kunstquartier St. Christoph, Arlberg, Österreich. Benjamin Nachtwey lebt und arbeitet in Düsseldorf.

Lydia Oermann | 1957 geboren in Bitburg. 1975–1977 Grundlagen des Zeichnens und der plastischen Arbeit bei Günter Manke, Weißenseifen. 1977–1984 Studium Französisch/Philosophie in Bonn und Bordeaux, freie Kunst am Studio für Kunsterziehung, Bonn. 1998–2002 Weiterbildung Computergrafik und Kulturmanagement. 1996–2006 Selbststudium in diversen künstlerischen Techniken. Seit 1985 Dozentin in der Erwachsenenbildung, Künstlerin, Kulturmanagerin, Projektleiterin. 2001–2004 Pressesprecherin Stadttheater Trier. Seit 2004 freiberufliche Künstlerin, Kuratorin und Kulturmanagerin in Trier und Luxemburg. 2013 Verfassen des Lehrbuches *Künstlerischer Siebdruck. Ein Handbuch*, ars momentum Kunstverlag, Witten. 2010–2014 Gesellschaft für Bildende Kunst, Trier e. V. 1. Vorsitzende des Vereins. Dozentin an der Saarpfälzischen Sommerakademie, der Akademie für Gestaltung ecosign in Köln, der Fabrik am See, Gaienhofen und der Baden-Württembergischen Landesakademie Schloss Rotenfels. Lydia Oermann lebt und arbeitet in Trier.

Armand Quetsch | Geboren 1980 in Luxemburg; studierte Fotografie an der Ecole supérieure de l'art l'image »Le 75« in Brüssel. Sein Interesse gilt in erster Linie dem Dokumentarischen und der Simplizität des Mediums. Seine Arbeitsweise kann man als Registrieren äußerer Gegebenheiten bezeichnen. Seit 2003 Ausstellungen in Brüssel, Wien, Lüttich, Esch-Alzette, Warschau und im Rahmen der »Rencontres internationales de la Photo« in Arles. Armand Quetsch lebt und arbeitet in Brüssel.

Diana Rattray | 1947 geboren in Windsor, England. 1975-1982 Studium an der Kunstakademie Düsseldorf, Klasse Prof. Erwin Heerich. 1981 Meisterschülerin von Professor Erwin Heerich. Zahlreiche Ausstellungen im In- und Ausland. Diana Rattray lebt und arbeitet in Düsseldorf.

Fernand Roda | 1951 geb. in Luxembourg 1971-77 Staatliche Kunstakademie Düsseldorf, Hochschule für Bildende Künste (bei Prof. Joseph Beuys). 1975 Ernennung zum Meisterschüler. 1987/88 Gemälde (400 × 360 cm) für die U-Bahn-Station »Heinrich-Heine-Allee« im Auftrag der Stadt Düsseldorf. 1988 Mitorganisation der Ausstellung »Meine Zeit – Mein

Raubtier« zur 700-Jahr-Feier der Stadt Düsseldorf. 1991 Ernennung zum »Chevalier de l'ordre de Mérite du Grand-Duché de Luxembourg«. 1993 Briefmarke des Lux. Staates in der Reihe »Euro.Briefmarke« mit der Abbildung eines seiner Gemälde. 1996 Stipendium der Bayrischen Landesbank. Fernand Roda lebt und arbeitet in Düsseldorf.

Katrin Roeber | 1971 in Emden geboren. 1990-1994 Hochschule für Bildende Künste Braunschweig bei Prof. H. Albert. 1995-1999 Kunstakademie Düsseldorf bei Prof. D. Krieg und Prof. A.R. Penck 1999 Meisterschülerin von Prof. A.R. Penck. Akademiebrief. 2000 Mitglied der Düsseldorfer Produzentengalerie plan.d. seit 2010 Mitglied im Künstlerverein Malkasten. 2014, Gründung der Künstlergruppe »Terrain Vague«. Preise und Stipendien: 1996 Stipendium der Max-Ernst-Stiftung, Brühl. 1999 Förderpreis für junge Kunst des Vereins der Kunstfreunde, Wilhelmshaven. 2002 dreimonatiger Stipendienaufenthalt im Künstlerhaus Hooksiel. 2002–2003 einjähriger Stipendienaufenthalt Centre d'Art Fernand Léger in Paris. 2005 Juli/August Gastaufenthalt im Künstlerdorf Ein Hod/Israel im Rahmen des Künstleraustausches der Stadt Düsseldorf. 2009 Arbeitsaufenthalt in der Casa Zia Lina, Elba, als Gast der Stiftung Dr. Robert und Lina Thyll Dürr (Schweiz). 2010/2012 Arbeitsaufenthalt im Kunstquartier Hospiz, St. Christoph, Österreich. 2012 zweiwöchiger Forschungsaufenthalt am Blekinge Institute of Technology in Karlskrona/Schweden im Rahmen des EU-Projektes Telling the Baltic. Katrin Roeber lebt und arbeitet in Düsseldorf.

Thomas Schönauer | 1953 geboren in Düsseldorf. 1974–1978 Studium der Germanistik, Romanistik und Philosophie, Heinrich-Heine-Universität Düsseldorf. 1975–1978 Assistent im Bildhaueratelier Friedrich Werthmann, Düsseldorf. 1977 Studienaufenthalt am Manitoba-Institute of Design, Winnipeg, Kanada. Ab 1979 Bildhaueratelier in Düsseldorf. 1979 Experimente mit Kupferassemblagen. 1980 Raumverspannungen mit Seilen und Elastikbändern. 1982 Serie *Kommunikation*, Baumstämme in Stahlstab-Strukturen. 1985 *Metaphysische Skulpturen*, elementare Geometrie und Metaphysik. 1988 *Klangskulpturen I* Geometrie und in Klang transformierte Astronomie. 1990 Multimedia-Environments zum Themenbereich Ökologie. 1993 *Klangskulpturen II*, amorphe Metallkörper und Vokalintonationen mit Peter Kowald. 1995 *Der materielle und der immaterielle Raum*, mehrteilige skulpturale Ensembles. 2001 *Dynamik – Equilibru*, farbige Stahlarbeiten zum Thema Schwingung – Masse – Gleichgewicht. 2004 *Space paintings on steel* Epoxy und Acryl als Malmaterial auf Edelstahlblech. 2007 *Skydrops – Skulpturen, die ›vom Himmel fallen‹;* großformatige farbig bemalte Stahlskulpturen in einer ›von oben nach unten‹-Dynamik. 2008 *Atompops* – polierte Edelstahlkugeln, zeit- und raumbildend. *CT Paintings* – Makrosichten als Landscapes, Mikrosichten als Reise durch Körperhaftes. 2011 *CT-Universe* – ultrahochaufgelöste Malerei in innovativer Epoxydharztechnik; Gestaltungsbeirat Uniklinikum Düsseldorf (mit Volker Weuthen, HPP und Prof. Dr. Klaus Eick). 2012 Berufung zum Außerordentlichen Mitglied BDA (Bund Deutscher Architekten). 2013 *The Flying Cubes*, Kooperation mit Henkel AG unter Verwendung von Henkel Klebstoffen. Thomas Schönauer lebt und arbeitet in Düsseldorf.

HD Schrader | 1945 in Bad Klosterlausnitz geboren. Ab 1963 Studium an der Academy of Art University, San Francisco. 1965 bis 1969 Studium an der Werkkunstschule Hamburg.

1972 Mitbegründer der internationalen Künstlergruppe IAFKG Antwerpen 1986 Professur an der Fachhochschule Dortmund im Fachbereich Design. Seit 1969 ist HD Schrader freischaffender Künstler. HD Schrader ist mit seiner Bearbeitung von Kuben der Konkreten Kunst verpflichtet, nimmt in seinem Schaffen aber auch auf die amerikanische Minimal Art eines Sol Le Witt oder Donald Judd Bezug. Zahlreiche Einzel- und Gruppenausstellungen im In- und Ausland. Teilnahme an Biennalen und Symposien im In- und Ausland, mehrere Kunstpreise, zahlreiche Arbeiten in öffentlichen Sammlungen, Museen sowie im öffentlichen Raum; auch in der Region, etwa in Jülich (*Cube Spiral*), Koblenz (*Cubes and Trees*), Völklingen (*Kubushochzeit*) und Oberbillig bei Trier (*Cubecrack*, *Cubes and Trees* und *Elastic Cubes*). Preise, Auszeichnungen, Biennalen (Auswahl): 1972 3rd British International Biennale, Bradford City Art Gallery, England. 1974 10th Biennale d'Art, Menton, Frankreich. 1981 6th Biennale d'Arte, Padua, Italien. 1990 Kunstpreis für die Skulptur *CubeBalance* vor dem Plöner Schloß. 1995 *Landesschau Preis*, Kiel. 1996 4th Biennale Nemzetkoezi Szobraszrajz, Budapest, Ungarn 2000 Installation *CubeKoog*, deutscher Pavillon Expo 2000, Hannover. 2002 Avesta Art Biennale, Avesta, Schweden. 2003 *CubeCracks* – Goslar-Sculpture. 2003, Mönchehaus Museum, Goslar. 2012 4th Westlake International Invitational Sculpture Exhibition, China Academy of Art, Hangzhou, China. HD Schrader lebt und arbeitet in Hamburg.

Frantz Seimetz | Geboren 21.04.1858 in Grevenmacher. Sohn eines Fuhrmanns. Oberprimärschule in Grevenmacher. Ab 1879 Studium der Malerei in Trier, Brüssel, München und Paris. Seit 1881 freischaffender Künstler in Luxemburg. Ende 1887 Reise nach New York, später Mexiko, Dubuque/Iowa, Kanada, etc. 1896 nach fast neunjähriger Abwesenheit Rückkehr nach Luxemburg. Frantz Seimetz lebte in der Folge als Maler an verschiedenen Orten in Luxemburg. 1923 Übersiedlung in die Stadt Luxemburg. Viele längere Auslandsaufenthalte, u.a. München, Elsass und Italien. Frantz Seimetz hinterließ Ölbilder, Aquarelle und Skizzen, vornehmlich Volksszenen, Porträts und Landschaften. In den letzten Jahren seines Lebens gab Frantz Seimetz, dessen Sehkraft nachgelassen hatte, die Malerei zugunsten der Schriftstellerei auf. Gestorben 26.10.1934 in Luxemburg.

Niels Sievers | 1979 Geboren in Niebüll. 2002–2008 Studium an der Kunstakademie Düsseldorf, Meisterschüler von Jörg Immendorff. 2008 Reisestipendium des Landes NRW, Kunstverein Düsseldorf. 2009 Erwine Steinblum Arbeitsstipendium Johannesburg, Afrika. 2013 Publikumspreis der internationalen Bergischen Kunstausstellung, Museum Solingen. Niels Sievers lebt und arbeitet in Berlin.

Gabi Streile | 1950 Geboren in Karlsruhe. 1970–1976 Studium an der Staatlichen Akademie der Bildenden Künste Karlsruhe bei den Professoren Klaus Arnold, Peter Dreher, Harry Kögler, Franz Bernhard; Förderpreis der Sparkasse Karlsruhe. 1981 Jugendpreis »Hommage à Baden-Baden«. 1987 Stipendium der Kunststiftung Baden-Württemberg. 1992 Kunstpreis der Stadt Bühl. 1996 Kunstpreis der Stadt Offenburg für zeitgenössische Kunst. 2002 Hanna-Nagel-Preis der fünf Präsidentinnen, Karlsruhe. 2002–2003 Arbeitsstipendium Mummelsee. 2003, 2012 Aufenthalt im Atelier der Kunststiftung Baden-Württemberg in Berlin. 2013 Mitglied im Künstlerbund Baden-Württemberg, der Münchner

Secession, der GEDOK und dem Bundesverband Bildender Künstler. Gabi Streile lebt und arbeitet in Oberkirch/Baden und hat ein Atelier in Berlin.

August Trümper | 1874 Geboren in Altona, heute Hamburg. 1891–1894 Lehre bei G. Strube, Hamburger Dekorations- und Theatermaler und Besuch der Allgemeinen Gewerbeschule. 1895 – 1899 Studium an der Unterrichtsanstalt des Kunstgewerbemuseums Berlin. 1898 dreimonatiger Studienaufenthalt in Rom. Seit Juli 1899 Assistent an der Königlichen Kunstschule Berlin und Hospitanz an der Königlichen Akademie der Künste. 1901–1930 Leiter und Hauptfachlehrer der Malklasse an der Handwerker- und Kunstgewerbeschule Trier. 1904 Heirat mit Wilhelmine Woytt. 1915 Verleihung des Professorentitels. 1939 nach der Pensionierung zog Trümper mit seiner Ehefrau nach Düsseldorf. Seit 1939 Mitglied Künstlerverein Malkasten, Düsseldorf. 1956 Gestorben in Oberhausen. Vermachte umfangreiche Teile seines künstlerischen Nachlasses an die Stadt Trier und dem Künstlerverein Malkasten in Düsseldorf.

Su-Mei Tse | 1973 geboren in Luxembourg. Studium an der l' Ecole Nationale Supérieure des Beaux-Arts, Paris. 2001 Prix d'Art Robert Schuman, prix interrégional SaarLorLux. 2003 Golden Lion for the Best National Participation, 50. Esposizione Internazionale d'Arte, Biennale di Venezia, Venedig. 2005 Edward Steichen Award, Grant and Art Residency in NY for 2006. 2006 SR-Medienkunstpreis, Saarländischer Rundfunk, Saarbrücken, 2006. 2009 Prix International d'Art Contemporain, Fondation Prince Pierre, Monaco. 2014 Grant and Art Residency, Villa Medici, Rom, Italien. *Öffentliche Sammlungen*: 21st Century Museum of Contemporary Art, Kanazawa, Japan; Coppel Collection, Mexico; CNAP – Centre National d'Art Contemporain, Paris, Frankreich; Centre Pompidou–Musée National d´Art Moderne, Paris, Frankreich; FRAC–Lorraine, Metz, Frankreich; MART–Museo d'Arte Moderna e Contemporanea di Trento e Rovereto, Rovereto, Italien; Moderna Museet, Stockholm, Schweden; MUDAM–Musée d'Art Moderne Grand-Duc Jean, Luxemburg; MHVL–Musée d'Histoire de la Ville de Luxembourg, Luxembourg; Museet for Samtidskunst, Museum for Contemporary Art, Roskilde, Dänemark; New Museum of Contemporary Art, New York, NY, USA; NMNM–Nouveau Musée National de Monaco, Monaco; The Cleveland Museum of Art, Cleveland, Ohio, USA; The Israel Museum, Jerusalem, Israel; UBS Art Collection, UBS (Luxembourg) S.A., Luxemburg; YAGEO Foundation, Taipei, Taiwan; Yeh Rong Jai Culture & Art Foundation, Taiwan. Su-Mei Tse lebt und arbeitet in Luxembourg, Berlin and Rom.

Leo Moritz Winkelmann | 1909 in Bochum. 1935 – 1937 Folkwangschule Essen 1941 Heirat mit Gisela Böckenhoff, Buchhändlerin in Schermbeck. Drei Kinder gingen aus der Ehe hervor. 1946 Rückkehr–schwerkrank–nach Schermbeck aus Gefangenschaft nach dem Ende des 2. Weltkrieges. 1946–1961 Lebte und arbeitete er in Altschernbeck-Üfte. Gestorben 1961 in Darmstadt.

IMPRESSUM

Diese Publikation erscheint anlässlich der Ausstellung
Mythos Wald? Historische und zeitgenössische Interpretationen zum Thema Wald und Bäume,
in der Neuen Galerie, Haus Beda, Bitburg, 21. September bis 23. November 2014.

Herausgeber
Dr.-Hanns-Simon-Stiftung Bitburg
Haus Beda, Bedaplatz 1, D-54634 Bitburg

Ausstellungsidee
Dr. Ute Bopp-Schumacher

Kuratorin
Dr. Ute Bopp-Schumacher

Katalogkonzept
Dr. Ute Bopp-Schumacher, Claas Möller

Kataloggestaltung
Claas Möller, Hamburg / claasbooks.de

Fotografien
Sofern nicht anders angegeben, stammen die Fotografien von den Künstlern.
S. 126, 127 Hans Werner Bohn, Trimport.
S. 16/17, 18/19, 80, 128: Christof Weber; Luxembourg.
Schmutztitel: Niels Sievers, *Fuchs*, 2006
Titelbild: Ausschnitt Diana Rattray, *On The Rocks*, 2013
Rückseite: Ausschnitt Gisela Krohn, *Dunkles Dickicht*, 2008
Vorsatz/Nachsatz: nach Fernand Roda, *Grosser Wald*, 2011

Reproduktion und Gesamtherstellung
NINO Druck GmbH, Im Altenschemel 21, D-67435 Neustadt/Weinstraße

Verlag Das Wunderhorn GmbH, Rohrbacher Straße 18, D-69115 Heidelberg
www.wunderhorn.de

Die Deutsche Bibliothek - CIP - Einheitsaufnahme
Ute Bopp-Schumacher
Dr.-Hanns-Simon-Stiftung (Hrsg.)
Mythos Wald? Historische und zeitgenössische Interpretationen zum Thema Wald und Bäume
Bitburg 2014

ISBN 978-3-88423-485-3

Printed in Germany